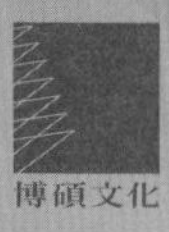

陳明熒 著

Arduino 專題製作與應用

語音互動篇

不需連網，中文聲控與說中文，輕鬆做出聲控機器人

- **深入淺出** 引導玩家以Arduino實現聽話、對話互動功能
- **動手實作** 以語音說出數字資料、執行狀態、歡迎及警告語句
- **技術探討** 中文聲控、不限定語言聲控、支援紅外線IOT居家應用
- **專題活用** Arduino各項實驗可用於專題，學生專題製作有方向可循

作　　者：陳明熒
責任編輯：Cathy

董 事 長：陳來勝
總 編 輯：陳錦輝

出　　版：博碩文化股份有限公司
地　　址：221 新北市汐止區新台五路一段 112 號 10 樓 A 棟
電話 (02) 2696-2869　傳真 (02) 2696-2867

發　　行：博碩文化股份有限公司
郵撥帳號：17484299　戶名：博碩文化股份有限公司
博碩網站：http://www.drmaster.com.tw
讀者服務信箱：dr26962869@gmail.com
訂購服務專線：(02) 2696-2869 分機 238、519
（週一至週五 09:30 ～ 12:00；13:30 ～ 17:00）

版　　次：2021 年 12 月初版

建議零售價：新台幣 500 元
I S B N：978-986-434-953-1
律師顧問：鳴權法律事務所 陳曉鳴律師

本書如有破損或裝訂錯誤，請寄回本公司更換

國家圖書館出版品預行編目資料

Arduino 專題製作與應用．語音互動篇 / 陳明熒作．-- 初版．-- 新北市：博碩文化股份有限公司, 2021.11

面；　公分．

ISBN 978-986-434-953-1(平裝)

1. 微電腦 2. 電腦程式語言

471.516　　110018311

Printed in Taiwan

博 碩 粉 絲 團

序言 PREFACE

中文語音互動技術，若將聲控與紅外線發射介面連結，就像家中使用的遙控器介面一樣，幾乎有遙控器的家電或是裝置，都可以變為現在流行的物聯網（IOT，Internet Of Things），例如可以做機器人語音互動、老人看護應用。雖然目前只限於家中客廳小區域中，卻是個人方便使用最低成本的人機互動基礎應用開端，善於設計應用此介面，創意無限，若結合網路應用更廣。

語音人機互動基礎技術為說話、聽話、對話，若將聽話聲控技術與 Arduino 控制板連結在一起，模擬人機介面聽話、對話的語音互動模式，只要說中文便可以控制，使用前不需要錄音訓練，整個專題製作架構變簡單了，可以輕易移植到您自製的 Arduino 系統中，於是我們推出這樣的一個專題製作架構。

中文語音互動專題製作架構，是我在執行「聲控我的家」計畫中，經過模組搭配組合設計出來的架構，其中使用中文合成模組 MSAY 說中文，不需連網中文聲控模組 VI，以模組化設計，移植性高，擴充性強，若以 Arduino 系統來實驗，製作成本低，值得做相關進階實驗探索及應用。

標準 Arduino UNO 相容板子，可以直接插入 MSAY，下載程式便可以說出中文。若 Arduino UNO 作品有紅外線遙控器遙控功能，便可以直接搭配中文聲控模組 VI 作聲控實驗，因為聲控模組 VI，在聲控後直接發射紅外線遙控器相容信號出去，可以直接控制物件動作。

例如，聲控機器人

主人：說出「前進」。

裝置：機器人前進後，並說出「前進」。

例如，倒數計時器

主人：說出「倒數五分鐘」。

裝置：倒數計時設定為五分鐘，並說出「倒數五分鐘」。

以中文語音合成模組說出中文，系統互動語音應用種類設計如下：

- 說出中文數字資料。
- 說出前方物體靠近的距離值。
- 執行狀態。
- 動作模式狀態。
- 歡迎及警告語句。

例如以語音設計的智慧盆栽中，設計 7 段語音內容，可以以電腦按鍵來做測試。在程式下載完成後，開啟串列監控視窗，按數字 1 至 7 做測試，可以說出該段語音，由電腦按鍵與 Arduino 說中文直接進行互動測試語音內容，也可以遙控器與 Arduino 做語音互動測試。相關語音資料如下：

- 第 1 段語音：「我很渴請加水」。
- 第 2 段語音：「啟動給水系統」。
- 第 3 段語音：「關閉給水系統」。
- 第 4 段語音：「一般模式」。
- 第 5 段語音：「您好歡迎光臨」。
- 第 6 段語音：「警告模式」。
- 第 7 段語音：「與主人有約嗎」。

例如語音量身高，一經過房門自動告知身高，以 3 句語音引導使用者，自動量身高，說出您的身高值，達到語音互動應用的目的。互動語音設計如下：

- 語音：「量身高嗎」，當超音波感測模組偵測到可能有人通過，說出語音。
- 語音：「請站定位」，當超音波感測模組偵測到下方有人時，告知準備量測。
- 語音：「您的身高是 170 公分」，說出語音的範例。

本書是延續《Arduino 實作入門與專題應用》教材的進階應用參考書，因此對於 Arduino 初學者，希望先看過該書，才能對 Arduino 基本硬體及軟體有製作上的概念，易於讀懂程式碼，方便做修改及進階應用，讀者可以針對感興趣的各章節進行研讀或是做實驗，各章節並無直接的關連性。

學會 Arduino C 程式設計後，在學學生可能要整合做畢業專題，好好完成屬於自己的畢業專題，畢業後可以拿來當作代表作，在面試時會有加分作用，特別是應徵韌體工程師時，效果會更好，因為 Arduino 任何的作品，正是軟體硬體整合的最後表現。

全書專題實作，先睹為快，可以先翻開續頁，參考：

建立自己的 Arduino 語音互動系統，製作自己精彩語音互動專題

希望本書能引導想做專題的初學者，輕鬆的以 Arduino 玩出您自己的語音互動精彩專題，那是筆者最大的心願。

網址：www.vic8051.com　信箱：ufvicwen@ms2.hinet.net

陳明熒

110.9.15 于高雄 偉克多實驗室

目錄 CONTENTS

04 CHAPTER Arduino LCD 時鐘

05 CHAPTER Arduino LCD 倒數計時器

06 CHAPTER Arduino 投球機

07 CHAPTER Arduino 背誦九九乘法表

08 CHAPTER Arduino 說唐詩

09 CHAPTER Arduino 語音樂透機

10 CHAPTER Arduino 語音量身高器

11 CHAPTER Arduino 互動調光器

12 CHAPTER Arduino 智慧盆栽

13 CHAPTER Arduino 旋轉舞台

14 CHAPTER Arduino 特定語者聲控查詢晶片腳位

15 CHAPTER Arduino 數字倒數鬧鐘

16 CHAPTER 聲控互動機器人

17 CHAPTER Arduino IR IOT 語音聲控互動應用

附錄

實作展示

建立自己的 Arduino 語音互動系統，製作自己精彩語音互動專題

■ **語音互動系統**：不需連網，聲控後發射紅外線信號，驅動機器人動作，可以設計各式聲控創意對話實驗。

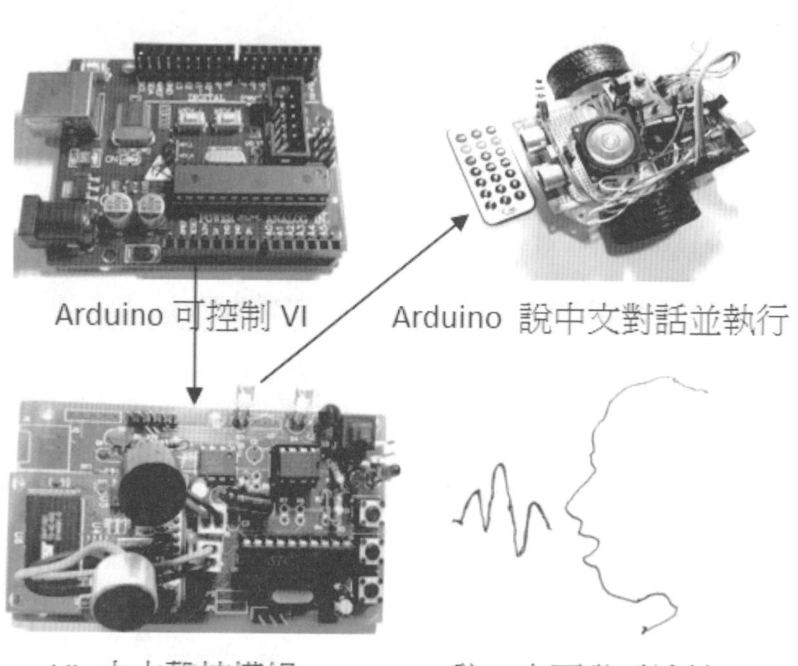

■ **VI 中文聲控模組**：使用前不需要錄音訓練，不需連網，只要說中文便可以控制，可以 USB 下載各式應用程式，支援 Arduino 遙控裝置變為聲控操作。

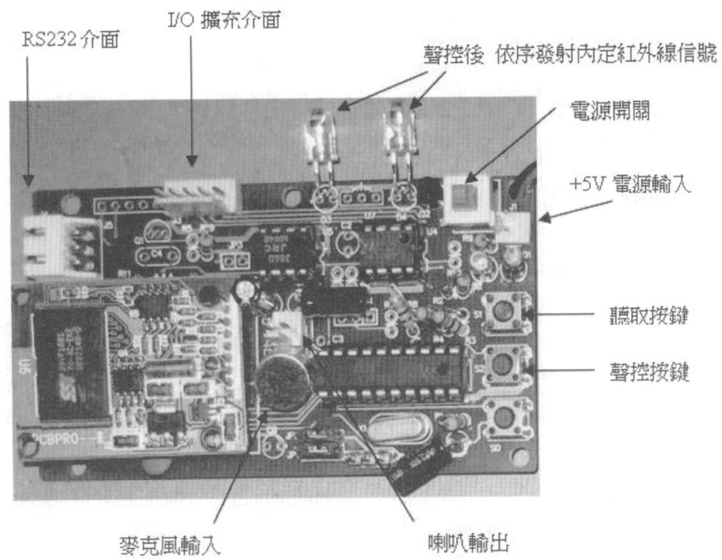

■ **VCMM 聲控模組**：不限定語言聲控，使用前需要錄音訓練，國語、台語、英語、各種音效辨認皆可，可以 USB 下載各式應用程式。

- **MSAY 中文語音合成模組：**直接讓 Arduino 說中文，直接插在 Arduino UNO 上做實驗。

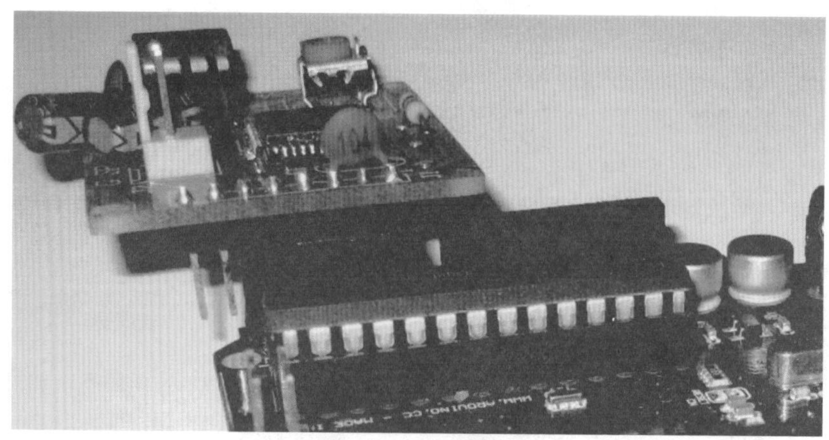

- **Arduino UNO 相容板子 VNO：**以 VNO 實驗板來做控制器應用，減少使用麵包板插線接觸不良的麻煩。

■ 用 VNO 板子來做專題超方便，易於攜帶測試。

■ 採用 VNO 板子來做語音量身高專題實驗——開發過程。

■ 採用 VNO 板子來做語音量身高專題——一經過房門自動告知身高。

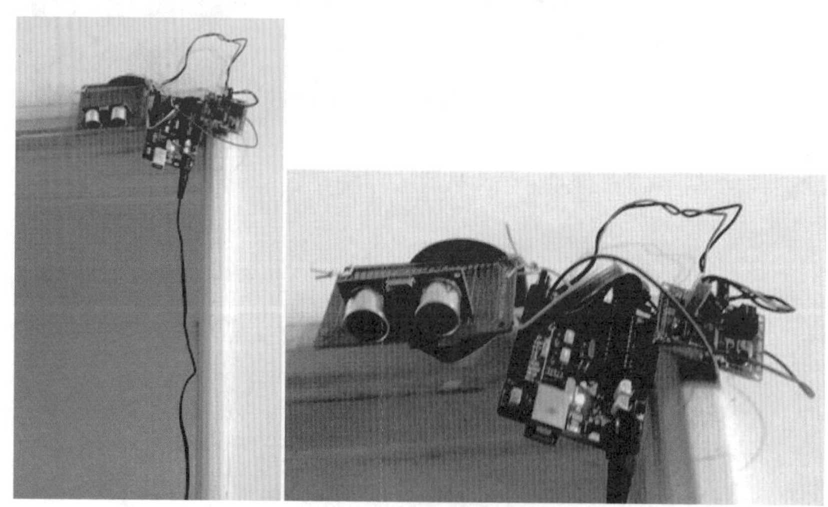

- 任何 Arduino 專題插入 MSAY，上傳程式，馬上變為會說話互動專題，以語音來做應用，如說出數字資料、執行狀態、動作模式狀態、歡迎及警告語句。可以背誦九九乘法表、說唐詩。

```
//阿迪羅是開放的互動開發平台
byte m1[]={0xAA, 0xFC, 0xAD, 0x7D, 0xC3, 0xB9, 0xAC, 0x4F, 0xB6, 0x7D,
0xA9, 0xF1, 0xAA, 0xBA, 0xA4, 0xAC, 0xB0, 0xCA, 0xB6, 0x7D, 0xB5,
0x6F, 0xA5, 0xAD, 0xA5, 0x78, 0};
say(m1);.....................................
```

■ **互動廣告機**：「阿迪羅美食店，有酸辣湯，海鮮粥，滷肉飯，鮮蝦餃」。

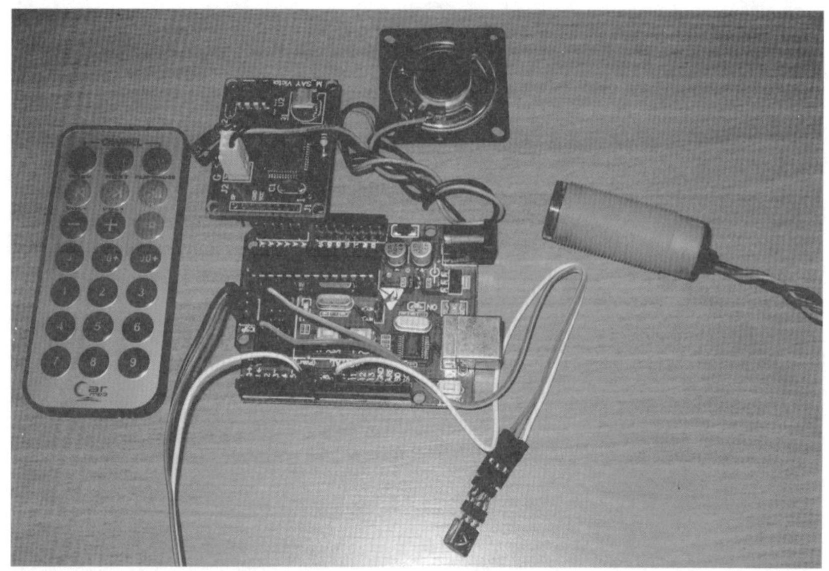

■ **Arduino LCD 時鐘**：會說話，每半點或整點播報現在時間。

■ **Arduino 倒數計時器**：會說話，可遙控，可擴充聲控功能。

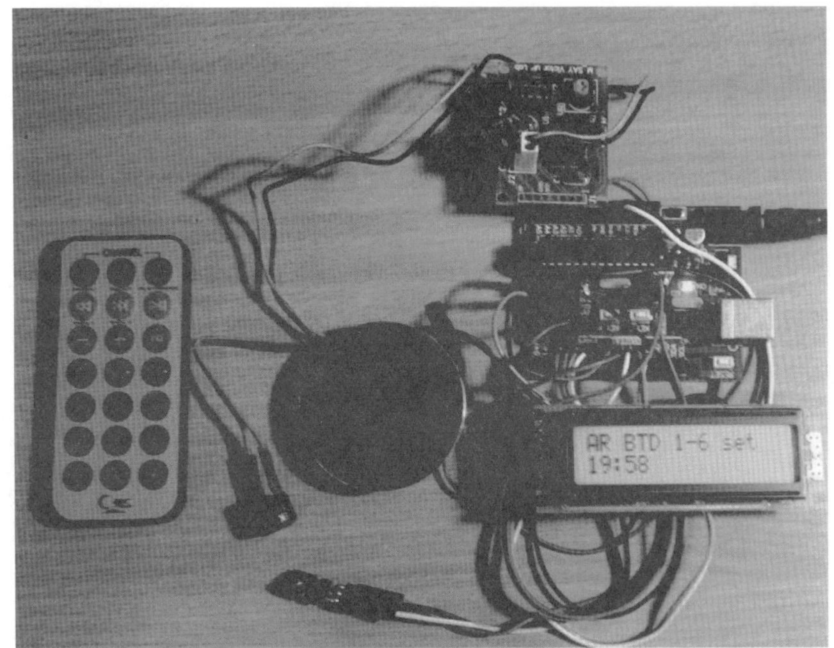

■ **Arduino 投球機**：投球機會說話：「倒數 90 秒」，「加油」，「還剩 9 秒」，「得分」。

- **Arduino 小家電控制及互動調光器**：人到自動亮燈，可遙控小家電，可以調光。

- **Arduino 旋轉舞台**：可遙控演奏平安夜歌曲，隨心情放置可愛動物展示。

■ **Arduino 語音樂透機**：用語音說明牌，您可能是下一個千萬幸運兒！

■ **Arduino 智慧盆栽**：盆栽缺水自動加水，可偵測物體靠近，來個驚奇！

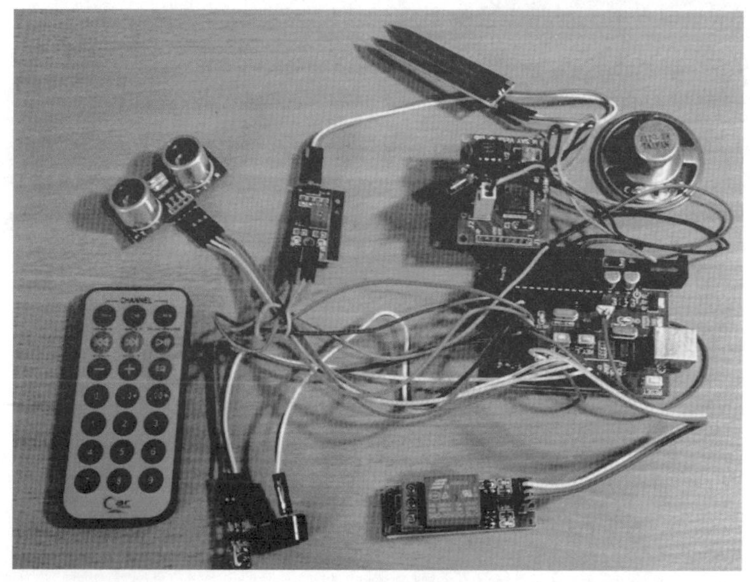

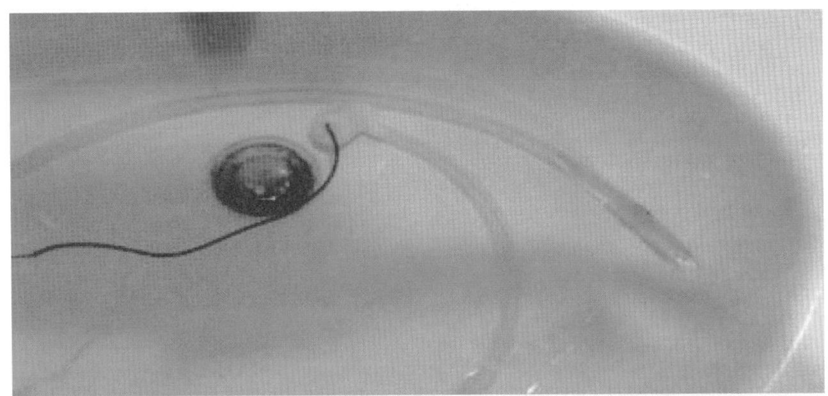

- **VCMM 聲控模組**：不限定語言聲控，個人使用前需要錄音訓練，國語、台語、英語皆可，可以 USB 下載各式應用程式。

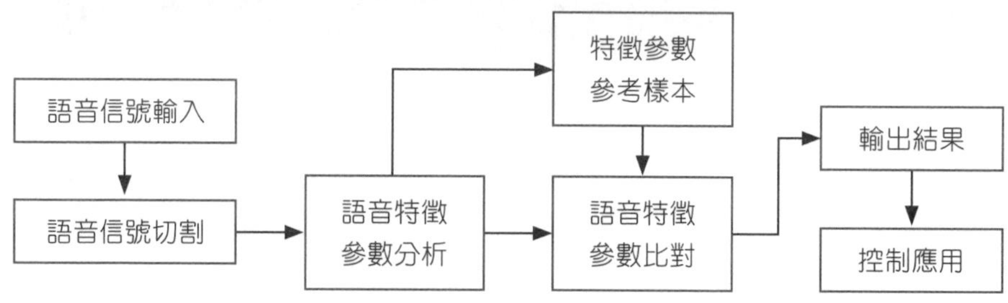

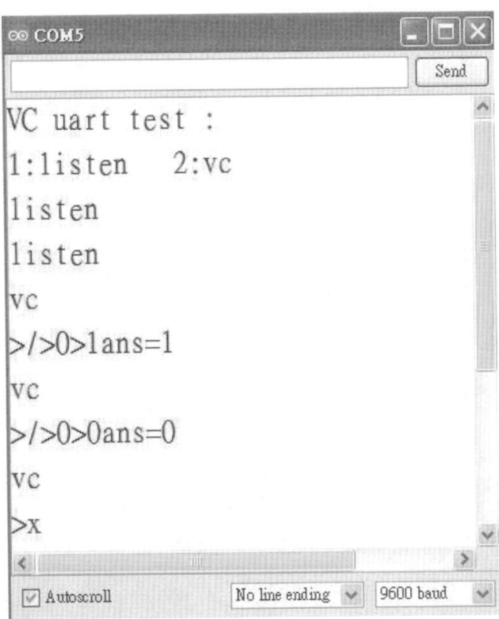

- **Arduino 聲控查詢晶片腳位**：想知道 Arduino IC 腳位，說出「D3 腳位」，裝置會說出「第 5 支腳」。

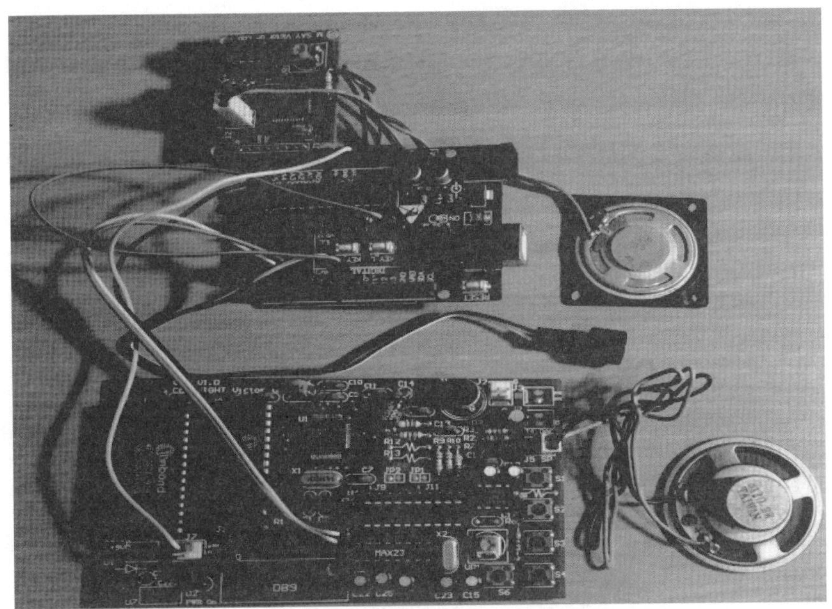

■ **Arduino 可聲控鬧鐘**：倒數 6 小時當鬧鐘用，有柔光小夜燈。

■ **Arduino 霹靂車 X 聲控互動機器人**：與主人對話、發出音效、唱歌、跳舞、説中文、聽話。

- 客廳中有電視機、冷氣機遙控器，還有 Arduino 遙控器，通常都只使用少數功能，將這些基本功能整合到一支遙控器來作控制，能有聲控功能更好！可以更方便教學、測試及使用。

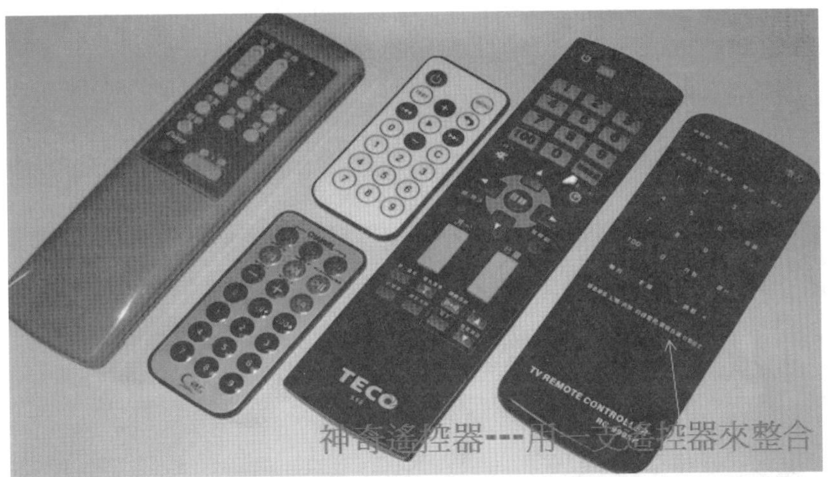

- 整合到一支遙控器來作控制，稱為神奇遙控器。最後整合完成，形成一套低成本 Arduino IR IOT 系統。

■ 整合完成的 IR IOT 物件如下：

- XIR——紅外線信號學習板。
- XCA——紅外線遙控車 X 對話機器人。
- XRC——遙控倒數計時器兼紅外線信號轉接板—— USB 連接 PC，執行 Python 程式及聲控各式應用。
- 新物件——本書的 Arduino 裝置，會聽話、說中文都可以直接整合進來。

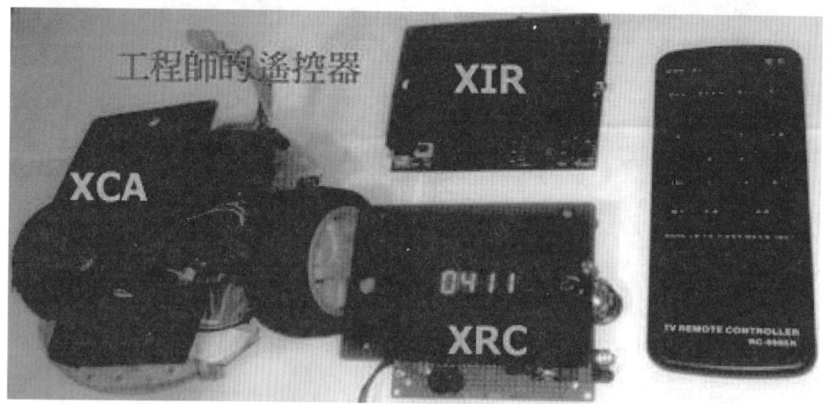

■ XIR 先學習收音機遙控器功能，便可以 XIR 遙控收音機動作。

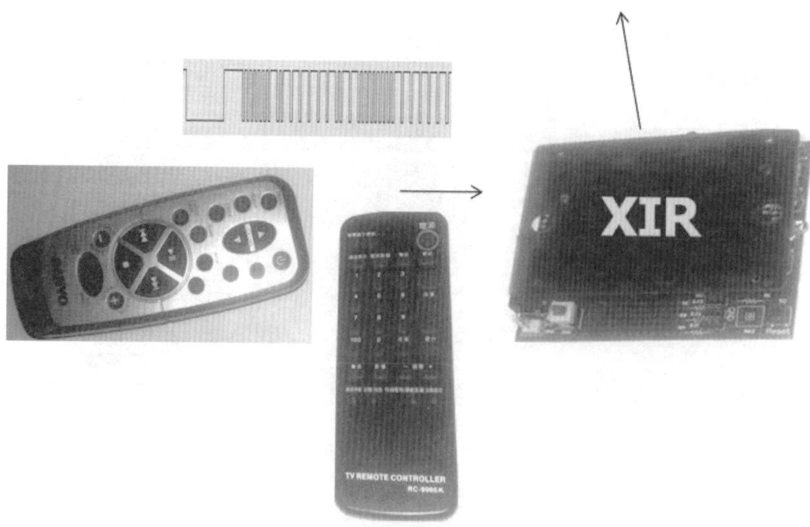

- 使用神奇遙控器，可以直接控制家中電視機。

- 電視遙控器會說話，對於視障朋友使用上會較方便，或是用於其他特殊場合。

- 完整 IR IOT 語音互動系統，可跨平台 Arduino 任何單晶片，互動物件開發、展示、教學用，應用於智慧家居、生活起居，可設計聲控電視、聲控機器人、Arduino 遙控物件變聲控，製作精彩語音互動專題，只要會 C 程式，不需連網都可聲控。

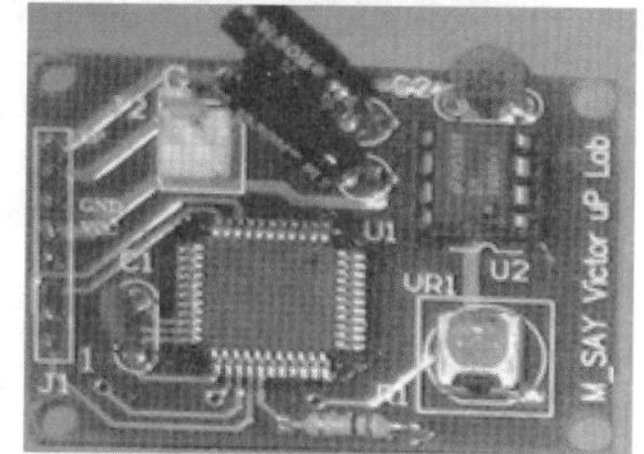

Arduino 如何做
語音互動專題製作

中文語音互動專題製作，需要聽話、對話的基本技術，看似複雜的系統，但以模組化設計，紅外線發射介面連結，將聽話聲控技術與 Arduino 控制板連結在一起，模擬人機介面聽話、對話的語音互動模式，只要說中文便可以控制，使用前不需要錄音訓練，整個專題製作架構變簡單了，可以輕易移植到您自製的 Arduino 系統中。

1-1 語音互動專題製作架構

中文語音互動專題製作，以紅外線發射介面連結，就像家中使用的遙控器介面一樣，幾乎有遙控器的家電或是裝置，都可以變為現在最流行的物聯網（IOT，Internet Of Things）應用，雖然目前只限於客廳小區域中，但是卻是個人方便使用，最低成本的人機互動基礎應用開端，善於設計應用此介面，商機無限，若結合網路應用更廣。

中文語音互動專題製作架構，是我在執行「聲控我的家」計畫中，經過模組搭配組合設計出來的架構，以模組化設計，移植性高，擴充性強，若以 Arduino 系統來實驗，不含中文聲控模組，製作成本很低，值得做相關進階實驗探索及應用。圖 1-1 是中文語音互動系統架構圖。分為 5 部分：

- 主控端發出語音命令。
- 受控端執行語音命令。
- 中文聲控模組聽話。
- Arduino 說中文回應語音命令。
- Arduino 各式互動實際控制應用。

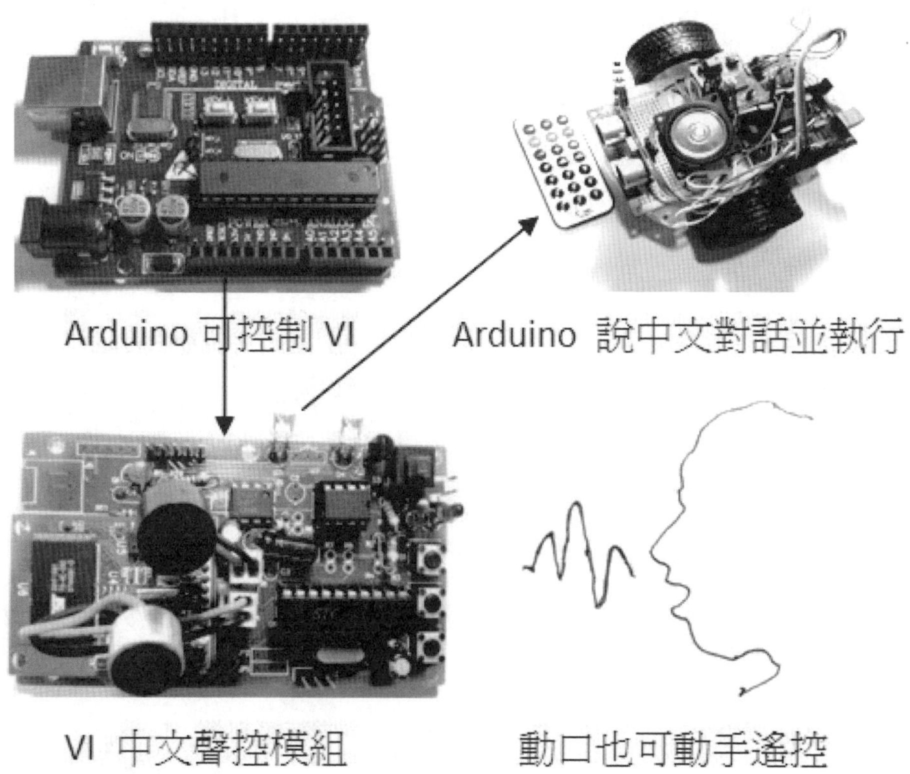

圖 1-1　語音互動系統架構圖

語音互動系統架構的技術核心有 3 部分：

- **聽命令：**使用 VI（中文聲控模組）聽中文語音命令，只要說國語，都可以使用，使用者只需了解語音關鍵字，說出這些關鍵字，系統便可以接受。而這些關鍵字若不適用或是會混淆誤辨率高，可以自行修改來做實驗。
- **說中文回應：**使用 MSAY（中文合成模組）說中文，在程式中設計中文字碼，便可以輸出語音。直接用說的方式告知訊息，不必看 LCD 上顯示的訊息。

- **執行平台**：使用 Arduino 系統來執行各式系統應用，因為 Arduino 有各式標準硬體、擴充模組、容易整合開發系統及易學易用的大量範例。

而對於使用者，無需設計中文聲控，無需設計如何說中文，只要會簡單的 Arduino 程式設計，便可以整合這些開發資源到自己的應用系統中。無需學習太多高深的控制技術。完整互動論述如下：

- 主控端發出聲控語音命令，VI（中文聲控模組）辨認出（聽到）語音命令關鍵字後，發射紅外線信號出去給接收端做控制應用。
- 受控端以 Arduino 設計，接收到紅外線信號後，進行解碼，執行相對動作。如同使用者按下遙控器般的控制功能。也可以控制 MSAY（中文合成模組）說中文回應語音命令，達成雙向互動功能。
- VI 中文聲控模組一直執行聽話辨認功能，當使用者說出語音命令時，執行相對動作。
- Arduino 說中文回應語音命令，可以將各式語音互動內容，預先設計在程式中來實現人機對話實驗。
- Arduino 各式互動實際控制應用，在基礎互動架構下，增加必要硬體模組，擴充更多有趣的應用實驗。應用實例很多，列舉如下：

例如，聲控機器人
主人：說出「前進」。
裝置：機器人前進，並說出「前進」。

例如，倒數計時器
主人：說出「倒數五分鐘」。
裝置：倒數計時設定為五分鐘，並說出「倒數五分鐘」。

例如，互動調光器

主人：說出「亮亮」。

裝置：點亮兩個 LED 燈。

Arduino 可經由串列介面控制 VI 做聲控應用，聲控後可以發射紅外線信號出去，受控制的裝置接收信號後，執行對應動作，如同使用遙控器般控制。

以簡單控制模組設計架構，達成語音互動專題製作，此架構特性及優點如下：

- 多重處理機以模組化並行處理。
- 以 Arduino 驅動語音合成簡化設計。
- 中文回應內容可於 Arduino 程式中修改。
- 聲控裝置放於主控端附近提升辨認率。
- 受控動作端可於七公尺內紅外線發射範圍內動作。
- 中文聲控命令，可以自行修改。
- 彈性修改中文聲控命令可以有效改進誤辨率。
- 語音互動各式實際控制應用以 Arduino 程式來設計。

一般使用者，無需高階程式設計能力，便可以直接移植此套語音互動專題製作到自己的 Arduino 系統中。此系統以多種處理機並行處理，以 Arduino 程式碼實現說中文回應及實際應用控制。聽話功能由 VI 模組做聲控處理，VI 中以 8051 KEIL C 程式做系統驅動設計。為了方便使用者應用修改及再應用開發，VI 模組提供相關功能：

- 中文聲控命令可以直接在 C 程式中修改。
- 支援程式下載功能，可以由 USB 下載新程式做新實驗。

- 網路上可下載新的各式聲控範例應用 C 程式供參考。
- 提供聲控 SDK 8051 程式發展工具，易於設計聲控系統整合。

VI 模組 8051 C 程式設計分為以下幾部分，可供進階應用：

- VIC.H 命令檔頭含聲控指令，可以自行修改。
- 基本聲控處理程式。
- 聲控後執行應用程式。
- 聲控後發射紅外線信號出去。
- 聲控後由串列介面輸出結果。
- 特定紅外線遙控器控制碼。
- 8051 C 程式設計相關應用 SDK 支援。

一般基本互動裝置如按鍵控制輸入或感知器輸入，喇叭輸出音效反應，LCD 顯示反應，加上遙控器可以遠端遙控，增加語音合成與聲控裝置便可以實現語音互動裝置設計。本書語音互動程度依使用者應用而定，基本上設計步驟如下：

- Arduino 控制端實際控制應用功能。
- 增加語音合成功能使 Arduino 說中文。
- 增加遙控功能方便操作，同時可以遙控說中文。
- 增加 VI 聲控功能，VI 辨認後輸出紅外線信號，驅動 Arduino 回話。
- 增加其他互動設計應用。

以 Arduino 投球機為例做設計說明：

- 投球機基本功能為感知器偵測球入球框中，得分加分。

- 顯示得分值及顯示時間倒數值。
- Arduino 說中文，如說出「倒數 90 秒」、「加油」、「還剩 9 秒」。
- Arduino 遙控說中文，Arduino 連接紅外線接收模組，可遙控說出某段語音，或是遙控倒數 90 秒。
- 對 VI 聲控說話，VI 辨認後輸出紅外線信號，驅動 Arduino 說出某段語音，完成回話動作。如說出「倒數五分鐘」，系統回應「倒數五分鐘」。

1-2 設計中文聲控命令

語音互動專題架構中，使用者要如何與機器以語音互動？也就是當說出某些「關鍵字」，便可以啟動互動功能，這些「關鍵字」便是聲控命令。設計聲控命令，可以文書處理器如記事本編輯 VIC.H 命令檔頭，再以 KEIL C 編譯成 HEX 檔，下載到 VI 模組重新執行，便可以更新聲控命令，彈性修改中文聲控命令可以有效改進誤辨率。

例如聲控車設計，編輯內容有「前進」聲控命令，當說出「前進」，系統辨認出「前進」命令時，經由紅外線發射介面發射信號到受控制的遙控車，便可以啟動遙控車執行前進動作。而遙控車只要配備有紅外線遙控功能，經過解碼轉換都可以支援聲控啟動。因為 VI 模組在聲控後，發射與紅外線遙控器發射相同的信號來控制遙控車。因此以紅外線發射介面做系統控制連結，將聽話聲控技術與 Arduino 控制板連結在一起，便可以完成語音互動控制應用。

標準版 VI 中文聲控模組，支援有紅外線遙控器發射介面，還可委託設計新應用介面。以下說明幾種基本操作及應用功能，這些功能都有提供 8051 C 控制程式碼，供使用者自行修改，「自己聲控應用自己造」的自造目標及應用。應用規劃如下：

1. 按鍵啟動聲控。
2. 外部系統串列介面連接啟動聲控。
3. 8051 串列介面設計範例。
4. Arduino 串列介面設計範例。
5. 聲控後發射與遙控器相容信號。
6. 聲控應用特殊介面設計。
7. 各種中文聲控語音互動應用範例。
8. 支援程式下載及程式開發 SDK 功能。
9. 支援有遙控器裝置免改裝變聲控應用。

本書中文語音互動專題製作架構，主要是採用第 5 項應用，聲控後發射與遙控器相容信號，實現計畫目標。因此原先 Arduino 裝置完全不必改裝，只要有遙控功能，搭配 VI 中文聲控模組，都可以變成中文聲控操作。

圖 1-2 是聲控操作示意圖，板上有 3 組按鍵：

- 按鍵 S0: 系統 RESET 重置。
- 按鍵 S1: 聆聽系統已存在的聲控命令語音內容，重複循環。
- 按鍵 S2: 進行辨認一次。當工作 LED 亮起，嗶一聲，表示系統正在等待語音輸入，此時可以說出命令來做控制。
- 按鍵 S1 按住一秒：系統下載新的聲控命令，此功能只需執行一次便可以使用新的聲控命令。
- 按鍵 S2 按住一秒：系統執行連續語音辨認，此時不會出現嗶聲，LED 燈會亮起，表示系統正在等待語音輸入，此時可以說出命令來做控制。在此模式下，不需按鍵，可持續下達聲控命令。

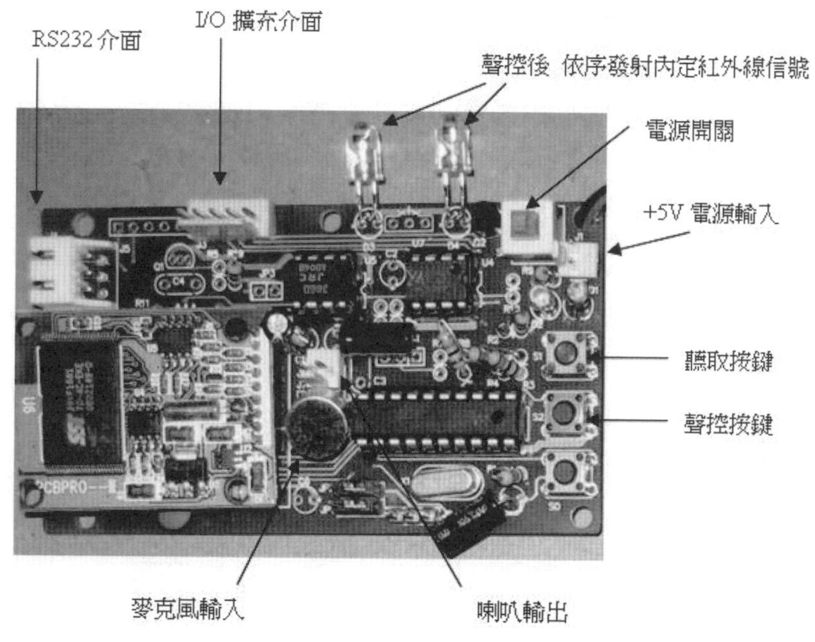

圖 1-2　聲控操作示意圖

VI 聲控板提供有串列介面，可以由外部系統連接，不管是 8051 或是 Arduino 都可以啟動下達聲控指令，通訊協定為（9600 8 N 1），即鮑率為 9600 BPS，傳送或接收 8 個資料位元，沒有同位檢查，1 個停止位元。使用以下控制指令：

```
* 控制碼 'l': 語音聆聽，操作同按下 S1 鍵
* 控制碼 'r': 語音辨認，操作同按下 S2 鍵
```

經由控制碼，便可以經由外部單晶片，串列介面進行聲控功能整合，在自己的專題中可以輕易加入中文聲控。VI 模組支援程式下載功能及聲控 SDK 8051 程式發展工具做進階研究應用，可以在自己 8051 C 程式中加入中文聲控的創意應用功能：

```
*load_db();// 載入中文聲控資料庫
*say1(name[lno]);// 說出中文聲控資料庫內容
*recog();// 對資料庫內容進行聲控比對
```

有關 VIC.H 命令參考檔，以聲控機器人為例說明：

```
#define VCNO 10
/* VI 中文命令註解 *******************/
BYTE code name[VCNO][13]={
"停止",
"前進",
"後退",
"左轉",
"右轉",
"展示",
"唱歌",
"音效",
"你是誰",
"介紹一下"};
/* 經過轉換，成為中文命令實際編碼，下載到 VI 執行 */
```

聲控機器人命令檔，共設計 10 組聲控命令，編號為 0～9，例如說出「前進」，辨認出來後，編號為 1，則自動發射紅外線遙控器數字鍵 1 出去，機器人收到後執行前進動作，並說出「前進」，完成基本語音互動功能，更多說明及製作細節參考在本書第 16 章說明，遙控器數字鍵 8、9 功能設計如下：

- 第 8 段語音：說出「我是阿迪羅機器人」。
- 第 9 段語音：說出「是一台可以程式化設計的聲控機器人」。

第 8 段應答語音則是回應「你是誰」聲控命令，則會自我介紹。

第 9 段應答語音則是回應「介紹一下」聲控命令，則會介紹此實驗的特異功能。

此外 VI 聲控板若結合 L51 紅外線學習模組，可以在自己 C 程式中加入紅外線遙控器學習及發射功能，特別適合家電遙控器整合應用，含範例程式，易學易用。更多 VI 中文聲控模組資料應用，可參考：http://vic8051.idv.tw/VI.htm。

1-3 設計不限定語言聲控命令

大數據資料查詢及通用相關應用若結合聲控技術，將更方便使用，聲控技術應用可以採用 Google 的雲端技術平台，但是技術應用及複雜度門檻高，需要特殊執行平台。若是屬於個人簡單應用或是不限定語言聲控命令應用，此時回到聲控基本技術，特定語者特定字彙聲控應用技術便是很好的解決方案。例如個人使用的聲控撥號系統，及個人查詢系統，經由錄音來即時建立資料庫，過去一些裝置如智慧手機聲控撥號、聲控汽車音響及裝置，您只需動口，不必動手便可以享受科技帶來的方便。

特定語者、特定字彙聲控應用技術，因為是經由錄音來建立資料庫，個人要先錄音才能使用，有其不方便之處，但是在許多應用上，卻有其方便之處，例如：

- 線上直接錄音修改關鍵字，方便實驗測試。
- 個人使用，誤辨率低。
- 錄音訓練時已經過濾混淆音了，可以減少誤辨的情況發生。
- 不限定語言聲控，訓練過程錄什麼音，辨認時就認得這些音，說台語、客家話、英文都可以辨認，馬上可以錄音來做實驗。

有關特定語者、特定字彙聲控應用晶片，一般會使用 sensory 公司的第 3 代聲控晶片 RSC364（或是 RSC300），當做辨認核心引擎。過去 10 年來，全世界聲控電子裝置、玩具都是採用該公司晶片做設計，sensory 公司網址：http://www.

sensory.com 實驗室使用 VCMM（聲控模組）來做不限定語言聲控應用及相關實驗，實體圖可參考圖 1-3，它有許多特點：

- 使用 8051 單晶片做控制。
- 可以由 USB 介面下載各式 C 語言控制程式來做聲控實驗。
- 含 8051 C SDK 開發工具及程式源碼。
- 新應用 C 程式可以網路下載更新，網址如下：http://vic8051.idv.tw/vcm.htm。

圖 1-3 VCMM 聲控模組組成

VCMM 規格特性及功能如下：

- 系統由 8051 及聲控晶片 RSC-364（TQFP 64 PIN 包裝）。
- 8051 使用 4 條 I/O 線來控制聲控晶片。

- 本系統適合特定語者的單音、字、詞語音辨識。
- 不限定説話語言，國語、台語、英語皆可。
- 具有自動語音輸入偵測的功能。
- 特定語者辨識率可達 95% 以上，反應時間小於 1 秒。
- 系統參數及語音參考樣本一旦輸入後資料可以長久保存。
- 系統採用模組化設計，擴充性佳，可適合不同的硬體工作平台。
- 線上訓練輸入的語音可以壓縮成語音資料，而由系統説出來當作辨認結果確認。
- 系統包含有英文的語音提示語做語音動作引導。
- 系統展示 5 組語音辨認功能，最多可以擴充控制到 60 組語音辨認。
- 需外加 +5V 電源供電。
- 內建 4 只按鍵開關及串列通訊介面。
- 提供完整 8051 控制介面及聲控晶片電路圖。
- 含 8051 及 Arduino 串列控制應用範例程式。
- 可擴充軟硬體功能，做進一步產品設計或聲控專題製作。
- 可應用在各種相關的聲控專題製作中，包括聲控家電、聲控紅外線家電、聲控遙控車、聲控機器人、聲控電子寵物、聲控撥號 ..... 等多種聲控應用場合都可以使用。
- 提供原廠晶片技術資料 PDF 檔。
- 可以由 USB 介面下載各式 C 語言控制程式來做聲控實驗。

在本書第 14 章，設計一個個人應用或是不限定語言聲控命令應用，搭配 Arduino 控制，採用 VCMM 聲控模組來做實驗，Arduino 特定語者聲控查詢晶片腳位，説出「D3 腳位」，裝置會説出「第 5 支腳」，方便電路查詢及做實驗。

1-4 設計中文語音回答內容

以往設計智慧控制器加入語音功能，需要工程師整合複雜的語音資料到程式中，現在 Arduino 設計介面，已是玩家熟悉的標準開放資源的軟硬體設計平台，因此要實現 Arduino 中文語音回答功能很簡單，只需搭配中文語音合成模組 MSAY 便可以使 Arduino 說出中文，圖 1-4 為語音合成模組實體圖，只要連接模組搭配控制程式，便可以做說出中文的功能實驗了。模組特色如下：

- 直接插入 UNO 控制板做實驗。
- 支援 Arduino C 程式碼說中文。
- 支援 8051 C 程式碼說中文。
- 最少 C 程式碼說出中文。
- 任何微控器使用 4 支腳位便可直接控制。
- 以模組化設計方便做實驗及應用整合。

主要功能如下：

- 單晶片中文語音合成控制，程式中輸入 Big5 中文碼（或是內碼）及 ASCII 碼，便可以轉換為語音輸出。
- 可說英文單字 a ～ z 及數字 0 ～ 9。
- 程式中輸入英文單字 a ～ z 及數字 0 ～ 9，轉換為語音輸出。
- 含 Arduino 及 8051 測試電路及範例程式原始碼。
- 使用 4 支腳位控制，便可以說出中文。
- 模組含音頻放大器，接上喇叭便可以輸出語音。
- 含音量調整器。

搭配 Arduino UNO 控制板及程式，便可以說出中文語音及英文單字及數字，為了方便實驗連接，參考圖 1-5 實驗連接圖，可以直接插入 UNO 控制板做實驗，注意，插入後模組空出 2 支腳位。

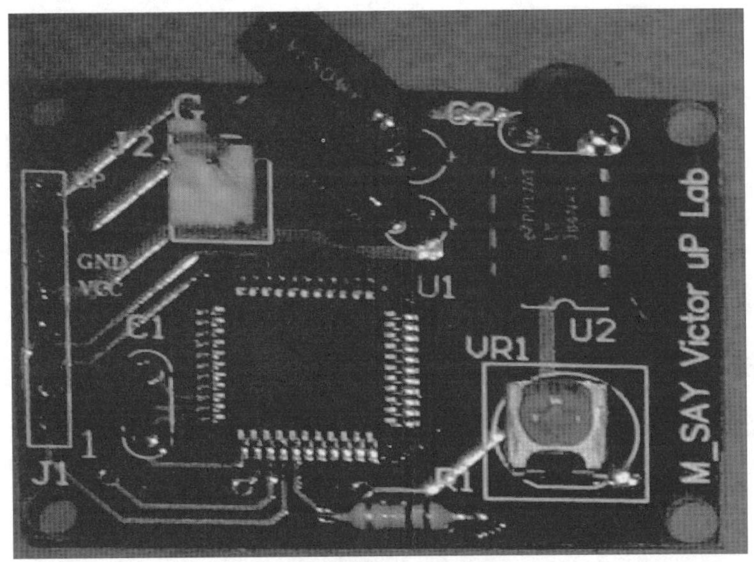

圖 1-4　語音合成模組

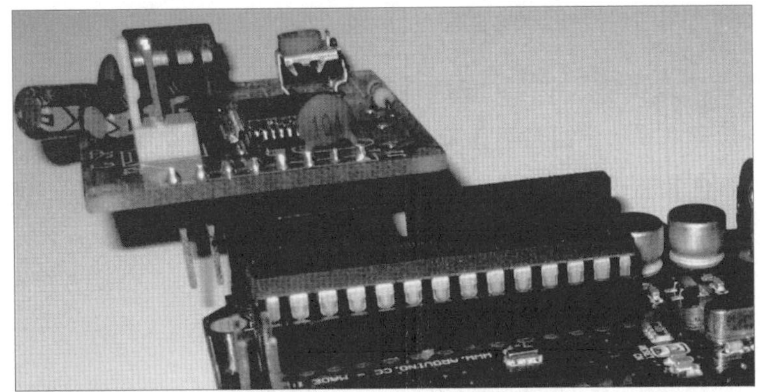

圖 1-5　語音合成模組可以直接插在 Arduino UNO 上做實驗

在程式測試過程需要的變數除錯，可以串列介面輸出看結果，現在有了語音合成模組可以直接說出變數值；若需要 LCD 顯示輸出訊息，做攜帶式裝置測試應用，例如開發量身高器、智慧盆栽，都不需 LCD 顯示，直接語音輸出訊息即可。

目前使用心得如下：

- 程式開發過程可做語音變數輸出除錯。
- 攜帶式裝置可做人機介面使用。
- 攜帶式裝置可以取代 LCD 輸出訊息。
- 拔插方便直接插入控制板。

在硬體控制上，使用數位輸出 D16 ～ D19 控制信號來驅動語音合成模組。例如說出語音內容："語音合成"、"IC"、"ARDU0123456789"，陣列資料宣告，可以設計如下：

```
byte m0[]=" 語音合成 "; // 直接輸入中文，輸出語音會不正確
byte m0[]={0xbb, 0x79, 0xad,0xb5, 0xa6, 0x58, 0xa6,0xa8,0};//Big5 中文碼
byte m1[]="IC";
byte m2[]="ARDU0123456789";
```

在陣列中直接輸入中文，由於編輯系統問題，Arduino 無法取得真正 Big5 中文碼，以此方式輸出語音不正確，因此直接將 Big5 中文內碼輸入到陣列，最後加入 "0" 空字元，便可以解決此一問題。至於如何查詢中文 Big5 內碼，步驟如下：

1. 以 Google 搜索「Big5 內碼轉換」。
2. 例如使用 http://shiaobin.github.io/internal-code-converter/ 輸入中文，進行 Big5 內碼轉換，結果參考圖 1-6。
3. 編輯內碼到程式陣列中。

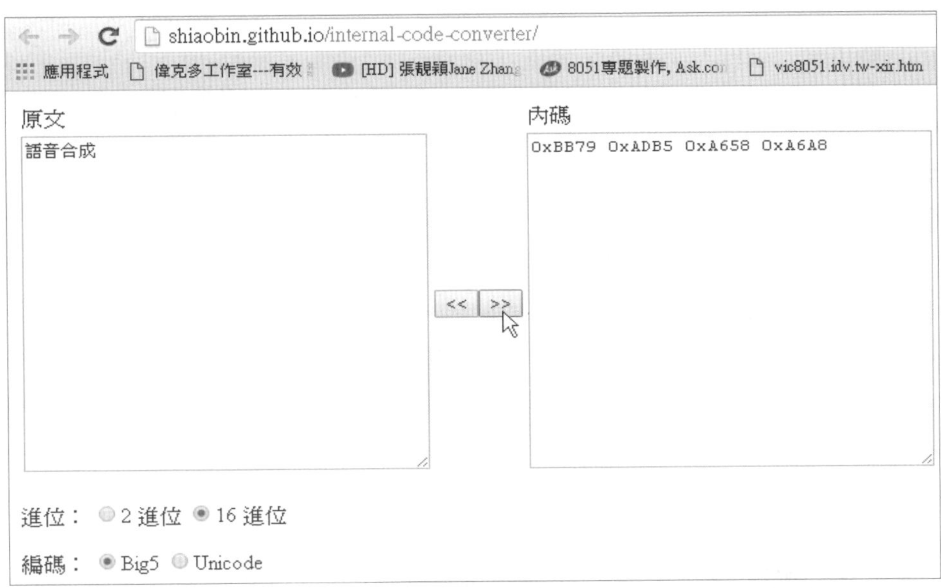

圖 1-6　中文語音 Big5 內碼查詢

更多設計範例可以參考 http://vic8051.idv.tw/msay.htm。

全書用到的中文語音內容編碼，編輯於 say.txt 文字檔中，使用者可以自行修改使用，讓 Arduino 輸出語音，達到人機對話的各式有趣應用。

say.txt 部分內容

```
倒數五分鐘
{0xAD, 0xCB, 0xBC, 0xC6, 0xA4, 0xAD, 0xA4, 0xC0, 0xC4, 0xC1, 0};

倒數十分鐘
{0xAD, 0xCB, 0xBC, 0xC6, 0xA4, 0x51, 0xA4, 0xC0, 0xC4, 0xC1, 0};

倒數二十分鐘
{0xAD, 0xCB, 0xBC, 0xC6, 0xA4, 0x47, 0xA4, 0x51, 0xA4, 0xC0, 0xC4, 0xC1, 0};

剩下時間
{0xB3, 0xD1, 0xA4, 0x55, 0xAE, 0xC9, 0xB6, 0xA1, 0};
```

```
停止
{0xB0, 0xB1, 0xA4, 0xEE, 0};

啟動
{0xB1, 0xD2, 0xB0, 0xCA, 0};

點
{0xC2, 0x49, 0};

分鐘
{0xA4, 0xC0, 0xC4, 0xC1, 0};

秒鐘
{0xAC, 0xED, 0xC4, 0xC1, 0};
```

1-5 Arduino 控制板實驗方式

本書是以 Arduino 語音互動專題製作為主題來做介紹，為 Arduino 進階應用，對初學者而言可能較陌生，希望初學者已經看過入門書《Arduino 實作入門與專題應用》（博碩出版），已經引導初學者如何利用 UNO 控制板來做基本應用實驗或是小專題應用，基礎 Arduino 控制板實驗方式如下：

1. 以 UNO 控制板下載程式，利用麵包板做擴充模組實驗，方便拆裝實驗。
2. 以萬用洞洞板手工焊接 Arduino 最小硬體板子，方便攜帶實驗。

對於初學者希望看過該書，了解 Arduino 結合基本各式模組的實驗方式，對於高度好奇心的讀者或是想要探索 Arduino 語音互動功能應用者，本書提供方便的應用電路模組及程式碼，方便實作及應用。有經驗的朋友可以直接參考相關實驗加入互動功能到您自己的 Arduino 系統中。

對於一般使用者，無需高階 C 程式設計能力，便可以直接移植此套語音互動專題製作到自己的 Arduino 系統中。以下互動程度依使用者應用而定：

- Arduino 控制端實際基本動作軟體及硬體應用功能。
- 增加 MSAY 語音合成功能使 Arduino 說中文。
- 增加 MSAY 語音合成功能及遙控器使 Arduino 遙控說中文。
- 增加 VI 聲控說話，VI 辨認後輸出紅外線信號，驅動 Arduino 回話。

各式創意來自生活應用，只要會用 Arduino 系統，便可以將 Arduino 控制端基本動作功能實現，其中只需使用按鍵、壓電喇叭、LCD 顯示器，接近感知器便可以自製成標準簡單 Arduino 裝置，例如投球機，可以滿足 DIY 的樂趣及成就感，還可以修改程式碼，成為自己想要的玩法。

在 Arduino 控制器使用上，為了方便實驗，將實驗板變為控制器方便做系統整合及應用，實驗室找到了 Arduino UNO 相容板子，我們稱為 VNO 板子，參考圖 1-7，它有多重優點：

- 修改驅動程式，免除原 UNO 插入不同板子，通訊埠需要重新設定的麻煩，驅動程式只需執行一次。
- 新增排針，方便與各型模組連接，不必插入麵包板，直接以杜邦線連模組，製作控制器超方便。
- 新增 2 按鍵，可以自行定義腳位，一個接高電位動作，一個接低電位動作。

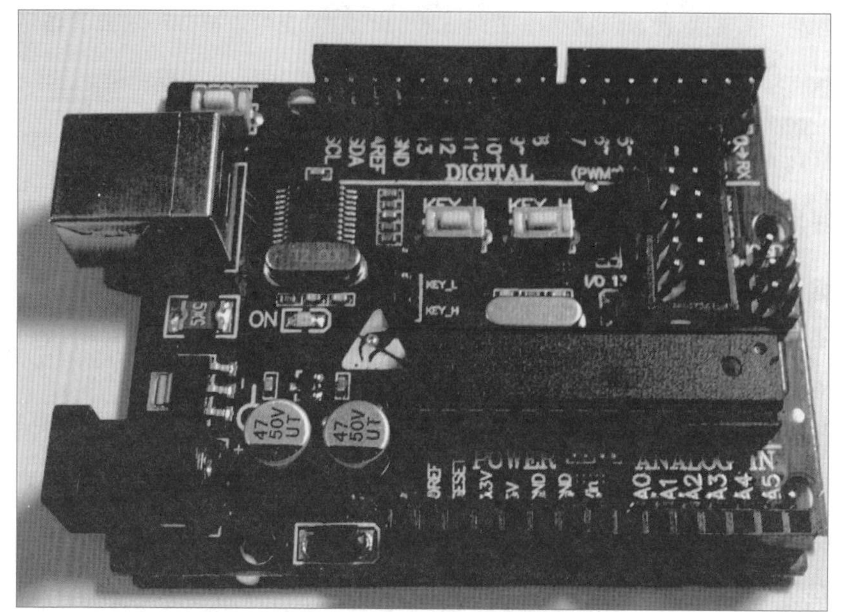

圖 1-7　Arduino 相容板子 VNO

以 VNO 實驗板來做控制器應用，可以避免用麵包板插線接觸不良的麻煩，各種實作控制器可以參考圖 1-8，更多 VNO 實驗板做出的各式應用可以參考：http://vic8051.idv.tw/unoc.htm。

除了方便組裝控制器外，也適合專題製作用，於是本書實驗都是採用 VNO 實驗板來做測試。圖 1-9 是用 VNO 板子來做專題，用來做語音量身高應用，更多實例將在書中一一呈現。

此外若覺得配線太複雜，不易攜帶，或是容易接觸不良，可以萬用洞洞板手工焊接，先把 Arduino 板子反過來進行配線，以銲接方式將零件與 Arduino 板子連接在一起，方便攜帶到處去做實驗，參考圖 1-10，製作細節參考第 15 章。

圖 1-8　VNO 實驗板做出的各種控制器

圖 1-9　採用 VNO 板子來做語音量身高專題實驗

圖 1-10　將 Arduino 板子反過來進行配線

Arduino 互動專題製作語音介紹

2-1　設計動機及功能

2-2　電路設計

2-3　互動語音內容設計

2-4　程式設計

「阿迪羅（Arduino）是開放的互動開發平台」,「採用類似 C 語言的開發環境」,「搭配一些常用的電子元件，如 LED、喇叭、按鍵」,「可做出有趣的實驗」。

以上是 Arduino 語音互動專題製作功能簡單介紹，可以 MSAY 中文合成模組，結合 Arduino 程式碼輕易的實現，您也可以用語音讓 Arduino 介紹您設計的 Arduino 專題作品。

2-1 設計動機及功能

Arduino 是通用軟硬體實驗平台，很容易做出互動實驗裝置，當大家都會做 Arduino 實驗時，想製作讓人耳目一新的互動實驗裝置，若加上語音來介紹自己的 Arduino 作品，可以凸顯自己作品的特點。因此本製作以中文語音合成模組說中文，介紹 Arduino 基本特性。

功能設計如下：

- 以遙控器及中文語音合成模組為 Arduino 增加說話功能。
- 模組化設計，可移植到 Arduino 系統中，以語音介紹您設計的 Arduino 專題作品。
- 本系統展示以語音介紹 Arduino 基本功能及語音說話功能效果。
- 以遙控器控制說出 5 段語音。
- 可由電腦按鍵與 Arduino 說中文直接進行互動功能測試。

圖 2-1 為 Arduino 互動專題製作語音介紹實作拍照圖。

圖 2-1　專題製作以語音來做介紹

2-2 電路設計

圖 2-2 是語音專題實驗電路，不包含 Arduino 基本動作電路。使用如下零件：

- 按鍵：測試功能。
- LED：閃動指示燈。
- 紅外線遙控器接收模組：接收遙控器按鍵信號。
- MSAY 中文語音合成模組：說出 5 段語音。

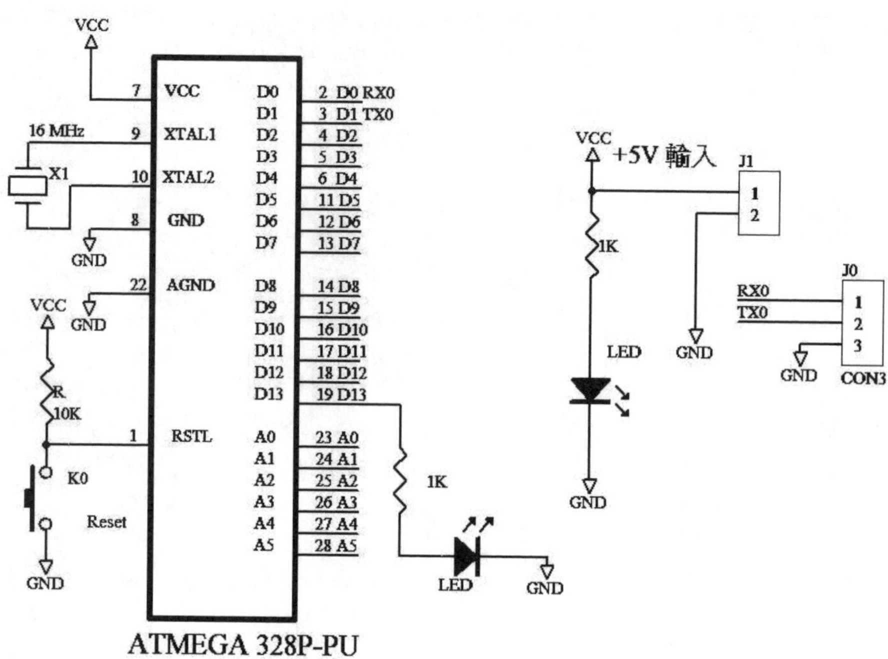

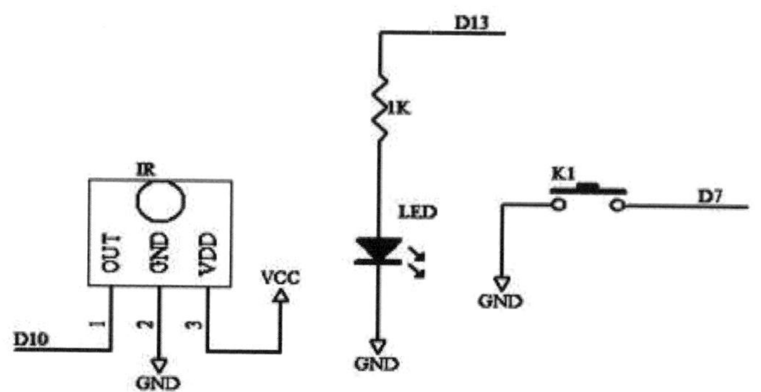

D14	SCLK	1
D15	SDI	2
D16	RDY	3
D17	RST	4
D18	VCC	5
D19	GND	6
		7
		8

中文語音合成模組

圖 2-2 語音介紹實驗電路

Arduino 基本動作電路有串列介面來下載程式，並提供簡易監控視窗作除錯應用。系統通電後便會自動 reset，執行程式，要再重新執行程式，按下 reset K0 鍵，使 reset 腳位接地，便重新啟動程式執行。一般 Arduino 控制板 D13 接有一 LED 指示燈，高電位點亮，可以做為基本程式測試用。Rx0 Tx0 腳位連接 USB 到 Arduino 轉換電路或是轉換板，做為下載程式用。

2-3 互動語音內容設計

本製作以中文語音合成模組說出中文，介紹 Arduino 功能及如何做本書相關實驗。設計 5 段語音內容，以遙控器控制來介紹 Arduino。也可以電腦按鍵來做測試。在程式下載完成後，開啟串列監控視窗，按數字 1 至 5 做測試，如圖 2-3 所示，可以說出該段語音，由電腦按鍵與 Arduino 說中文直接進行互動測試語音內容。相關語音資料如下：

- 第 1 段語音：「阿迪羅（Arduino）是開放的互動開發平台」。
- 第 2 段語音：「採用類似 C 語言的開發環境」。
- 第 3 段語音：「搭配一些常用的電子元件如 LED 喇叭按鍵」。
- 第 4 段語音：「可做出有趣的實驗」。
- 第 5 段語音：「可做互動的專題作品」。

圖 2-3　串列監控視窗控制語音輸出

當需要人機對話時，進階語音互動功能可以設計如下：

- 主控端發出語音命令：「阿迪羅」。
- 受控端執行語音命令：說出介紹 Arduino 第 1 段語音。

此時 VI 聲控模組聽到有人說出「阿迪羅」關鍵字，則會發射紅外線信號出去，當 Arduino 收到信號解碼後，驅動語音合成模組說出該段語音。

2-4 程式設計

本專題程式以語音合成模組說出中文，介紹 Arduino 功能，程式檔名 ars.ino，程式設計主要分為以下幾部分：

- 掃描按鍵若按下則語音合成輸出測試。
- 偵測串列介面有信號傳入，則控制語音輸出。
- 掃描紅外線信號，並進行解碼。

■ 解碼後取出遙控器按鍵值分別說出 5 段語音。

■ 以 Arduino 控制語音合成模組說出中文。

程式 ars.ino

```
#include <rc95a.h> //引用紅外線遙控器解碼程式庫
int cir =10 ; //設定遙控器信號腳位
int led = 13; //設定 LED 腳位
int k1 =7;  //設定按鍵腳位
int gnd=19; //設定語音合成地線控制腳位
int v5=18; //設定語音合成 5v 控制腳位
int ck=14;int sd=15; int rdy=16; int rst=17; //設定語音合成控制腳位
//--------------------------------------
void setup()//初始化設定
{
  pinMode(cir, INPUT);
  pinMode(v5, OUTPUT);   pinMode(gnd, OUTPUT);
  digitalWrite(v5, HIGH);  digitalWrite(gnd, LOW);  delay(1000);
  pinMode(ck, OUTPUT);
  pinMode(rdy, INPUT);
  digitalWrite(rdy, HIGH);
  pinMode(sd, OUTPUT);
  pinMode(rst, OUTPUT);
  pinMode(led, OUTPUT);
  pinMode(k1, INPUT);
  digitalWrite(k1, HIGH);
  digitalWrite(rst, HIGH);
  digitalWrite(ck, HIGH);
  Serial.begin(9600);
}
//-------------------------------------
void led_bl()//LED 閃動
{
int i;
 for(i=0; i<2; i++)
  {
   digitalWrite(led, HIGH); delay(50);
   digitalWrite(led, LOW); delay(50);
  }
}
//-------------------------------------
```

```
void op(unsigned char c) // 輸出語音合成控制碼
{
unsigned char  i,tb;
 while(1)
  if(  digitalRead(rdy)==0) break;
   digitalWrite(ck, 0);
    tb=0x80;
     for(i=0; i<8; i++)
      {
       if((c&tb)==tb) digitalWrite(sd, 1);
         else          digitalWrite(sd, 0);
       tb>>=1;
       digitalWrite(ck, 0);
       delay(10);
       digitalWrite(ck, 1);
      }
}
/*---------------------------------------------------------------*/
void say(unsigned char *c) // 將字串內容輸出到語音合成模組
{
unsigned char c1;
  do{
   c1=*c;
   op(c1);
   c++;
  } while(*c!='\0');
}
/*-----------------------*/
void reset()// 重置語音合成模組
{
 digitalWrite(rst,0);
 delay(50);
 digitalWrite(rst, 1);
}

// 阿迪羅是開放的互動開發平台
byte m1[]={0xAA, 0xFC, 0xAD, 0x7D, 0xC3, 0xB9, 0xAC, 0x4F, 0xB6, 0x7D,
0xA9, 0xF1, 0xAA, 0xBA, 0xA4, 0xAC, 0xB0, 0xCA, 0xB6, 0x7D, 0xB5, 0x6F,
0xA5, 0xAD, 0xA5, 0x78, 0};

// 採用類似 C 語言的開發環境
byte m2[]={0xB1, 0xC4, 0xA5, 0xCE, 0xC3, 0xFE, 0xA6, 0xFC, 0x43, 0xBB,
```

```
0x79, 0xA8, 0xA5, 0xAA, 0xBA, 0xB6, 0x7D, 0xB5, 0x6F, 0xC0, 0xF4, 0xB9,
0xD2, 0};

// 搭配一些常用的電子元件如 LED 喇叭按鍵
byte m3[]={0xB7, 0x66, 0xB0, 0x74, 0xA4, 0x40, 0xA8, 0xC7, 0xB1, 0x60,
0xA5, 0xCE, 0xAA, 0xBA, 0xB9, 0x71, 0xA4, 0x6C, 0xA4, 0xB8, 0xA5, 0xF3,
0xA6, 0x70, 0x4C, 0x45, 0x44, 0xB3, 0xE2, 0xA5, 0x7A, 0xAB, 0xF6, 0xC1,
0xE4, 0};

// 可做出有趣的實驗
byte m4[]={0xA5, 0x69, 0xB0, 0xB5, 0xA5, 0x58, 0xA6, 0xB3, 0xBD, 0xEC,
0xAA, 0xBA, 0xB9, 0xEA, 0xC5, 0xE7, 0};

// 可做互動的專題作品
byte m5[]={0xA5, 0x69, 0xB0, 0xB5, 0xA4, 0xAC, 0xB0, 0xCA, 0xAA, 0xBA,
0xB1, 0x4D, 0xC3, 0x44, 0xA7, 0x40, 0xAB, 0x7E, 0};

void loop()// 主程式迴圈
{
char k1c;
int c,i;
 reset(); led_bl();
 while(1) // 無窮迴圈
  {
loop:
     k1c=digitalRead(k1); // 偵測按鍵有按鍵則語音合成輸出
     if(k1c==0) { say(m1);   led_bl(); }
   if (Serial.available() > 0) // 偵測串口有信號傳入，則語音合成輸出
    {  c= Serial.read(); // 有信號傳入
     if(c=='1') { say(m1);    led_bl();     }
     if(c=='2') { say(m2);    led_bl();     }
     if(c=='3') { say(m3);    led_bl();     }
     if(c=='4') { say(m4);    led_bl();     }
     if(c=='5') { say(m5);    led_bl();     }
    }
// 迴圈掃描是否有遙控器按鍵信號？
   no_ir=1; ir_ins(cir); if(no_ir==1) goto loop;
//  發現遙控器信號 .，進行轉換
   led_bl(); rev();
// 串列介面顯示解碼結果
   for(i=0; i<4; i++)
   {c=(int)com[i]; Serial.print(c); Serial.print(' '); }
```

```
    Serial.println();
    delay(100);
// 判斷遙控器按鍵 1 ～ 5 說出語音
    if(com[2]==12) {say(m1);  led_bl();}
    if(com[2]==24) {say(m2);  led_bl();}
    if(com[2]==94) {say(m3);  led_bl();}
    if(com[2]==8)  {say(m4);  led_bl();}
    if(com[2]==28) {say(m5);  led_bl();}
      }
}
```

Arduino 互動廣告機

「阿迪羅美食店，有酸辣湯，海鮮粥，滷肉飯，鮮蝦餃」，以上是 Arduino 阿迪羅美食店主要美食餐點互動廣告機的語音介紹內容，可以 MSAY 中文合成模組，結合 Arduino 程式碼輕易的實現，以 Arduino 設計一台創意互動廣告機吧！

3-1 設計動機及功能

Arduino 是通用軟硬體實驗平台，可以自行下載各式程式做應用開發。本節設計 Arduino 互動廣告機，以語音介紹美食，您也可以整合 Arduino 以語音介紹您自家的主打美食放於商店門口，當有人經過店門口時輸出語音「您好歡迎光臨」，然後開始以語音介紹主打美食。功能設計如下：

- 以遙控器及中文語音合成模組為 Arduino 增加說話功能。
- 模組化設計，可移植到 Arduino 系統中，以語音介紹您設計的 Arduino 專題作品。
- 本展示系統以語音介紹美食店主要美食餐點。
- 以遙控器控制說出 5 段語音。
- 設計有接近感知器，當有人靠近時，啟動廣告機互動功能。
- 若偵測到該人一直未離開，則持續播放語音內容。
- 啟動廣告機互動功能，語音內容以亂數方式隨機播放。

圖 3-1 為 Arduino 互動廣告機實作拍照圖。系統連接有長條型接近感知器，用來偵測是否有人靠近廣告機，此感知器經過實際測試，可防止一般陽光干擾，可以用於戶外或是商店門口。

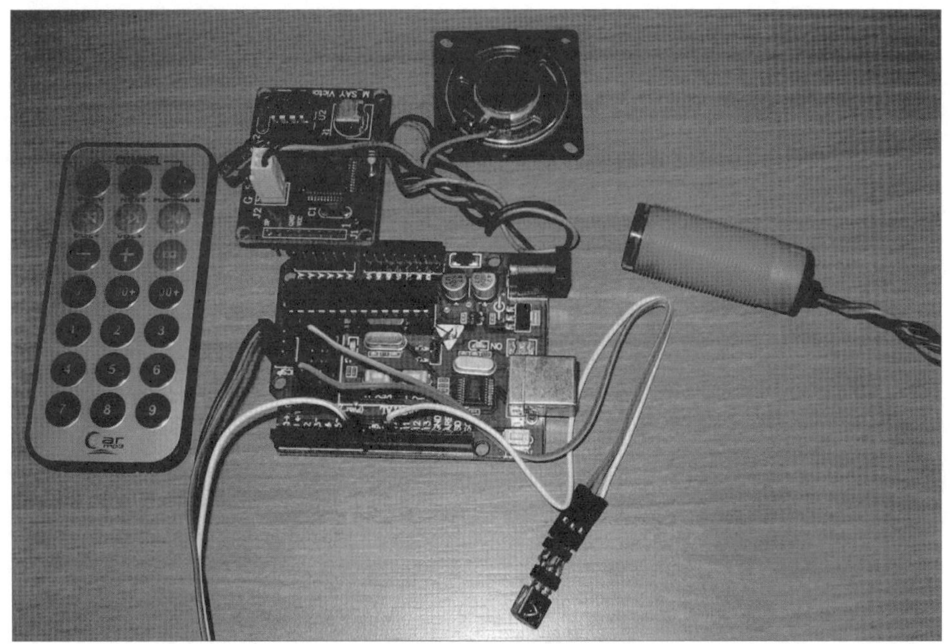

圖 3-1　互動廣告機實作

3-2 電路設計

圖 3-2 是互動廣告機實驗電路，使用如下零件：

- 按鍵：簡單測試功能。
- LED：動作指示燈。
- 紅外線遙控器接收模組：接收遙控器按鍵信號。
- MSAY 中文語音合成模組：說出 5 段語音。
- 接近感知器：當有人靠近時，啟動廣告機語音功能。

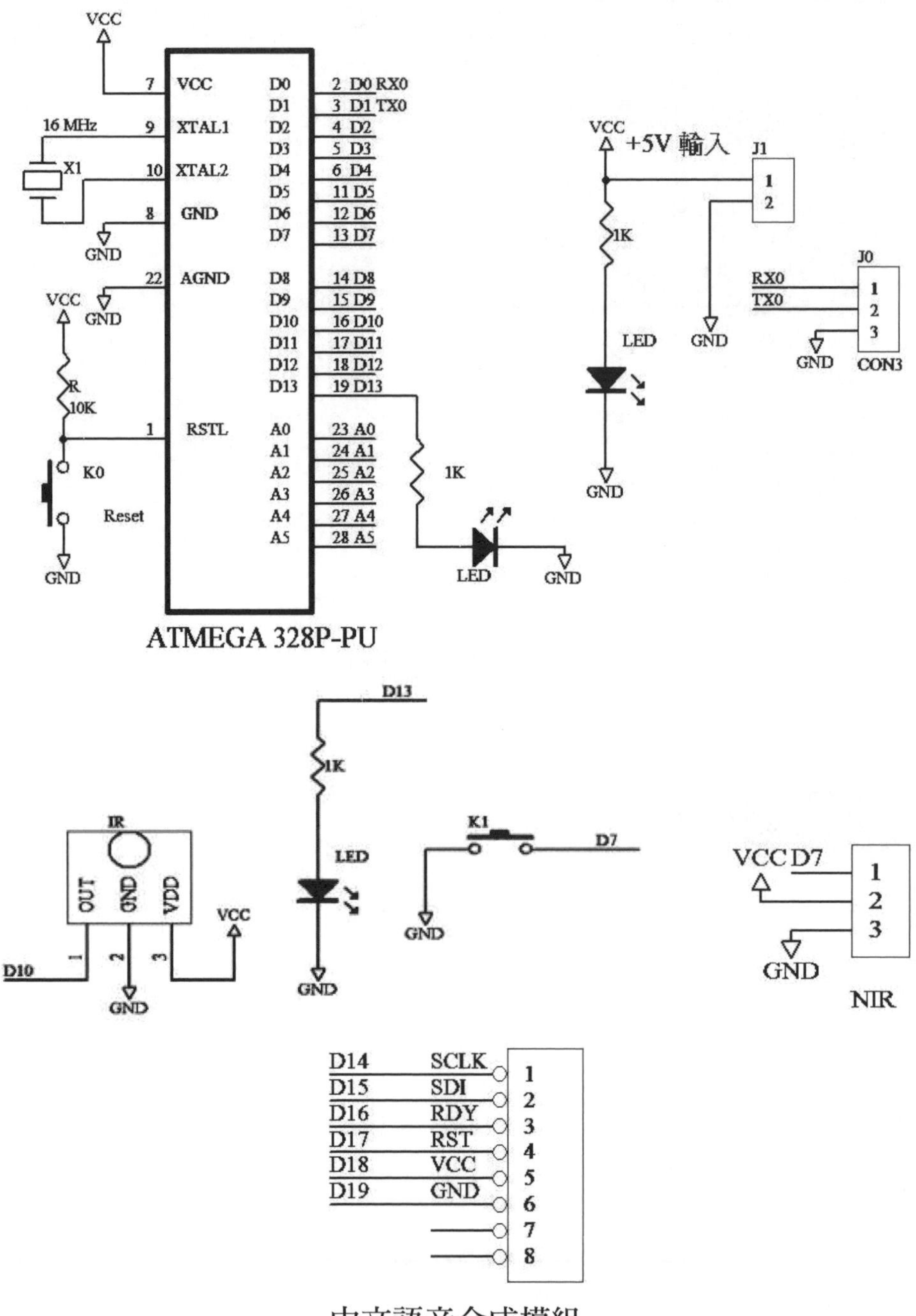

圖 3-2　互動廣告機專題實驗電路

圖 3-3 為接近感知器實體圖，為 3 支腳位包裝：

- 5v 電源接腳。
- 地端。
- 數位輸出，低電位動作，表示偵測到前有物體，否則輸出高電位。

通電後當有人靠近時，內部的 LED 燈會亮起，可以小起子調整背後的可變電阻，來調整距離靈敏度，約 5 至 80 公分。

接近感知器在電路設計上，標示為 NIR，連接至控制信號 D7 與按鍵共用控制線同樣是低電位動作。平時輸入端設定為高電位，當按鍵按下時變為低電位，可以模擬接近感知器偵測到前有物體。測試時，不需裝有接近感知器，便可以啟動語音播放功能。

圖 3-3　接近感知器實體圖

3-3 互動語音內容設計

本製作以中文語音合成模組說出中文，介紹本店美食。設計 5 段語音內容，以遙控器控制來做語音測試，也可以電腦按鍵 1 至 5 來做測試。語音內容設計如下：

- 第 1 段語音：「您好，歡迎光臨阿迪羅美食店，有酸辣湯、海鮮粥、滷肉飯、鮮蝦餃」。
- 第 2 段語音：「酸辣湯，用料超多」。
- 第 3 段語音：「海鮮粥，新鮮又美味」。
- 第 4 段語音：「滷肉飯，香氣撲鼻」。
- 第 5 段語音：「鮮蝦餃，Q 彈又美味」。

當需要人機對話聲控時，進階語音互動功能可以設計如下：

- 主控端發出語音命令：「海鮮粥」。
- 受控端執行語音命令：說出介紹「海鮮粥」的該段語音。

此時 VI 聲控模組聽到有人說出「海鮮粥」關鍵字，則會發射信號出去，當 Arduino 收到信號解碼後，驅動語音合成模組說出該段語音。

3-4 程式設計

本專題程式以語音合成模組說出中文，介紹 Arduino 功能，程式檔名 aad.ino，程式設計主要分為以下幾部分：

- 掃描紅外線信號，並進行解碼。
- 解碼後取出遙控器按鍵值分別說出 5 段語音。
- 以 Arduino 控制語音合成模組說出中文。
- 語音內容可以亂數方式隨機播放。
- 接近感知器掃描是否有人靠近，啟動廣告機語音功能。
- 接近感知器共用按鍵輸入端，低對位動作。

接近感知器共用按鍵輸入端設計，測試時當偵測按鍵按下，則輸出第一段語音，偵測按鍵按下超過一秒，則以亂數方式輸出語音，程式設計如下：

```
while(1) // 無窮迴圈
  {
loop:
// 偵測按鍵有按鍵則語音合成輸出
     if(digitalRead(k1)==0 ) // 偵測按鍵按下則輸出語音
      {
       digitalWrite(led, 1); //LED 亮起
       delay(1000); // 延遲一秒
// 偵測按鍵按下，則輸出第一段語音
       if(digitalRead(k1)==0 ) { say(m1);   led_bl(); }
// 偵測按鍵按下超過一秒，則 LED 持續閃動後以亂數方式輸出語音
         else  { led_bl();  led_bl();  led_bl();  say_vox(); }
      }
}
```

程式 aad.ino

```
#include <rc95a.h> // 引用紅外線遙控器解碼程式庫
int cir =10 ; // 設定遙控器信號腳位
int led = 13; // 設定 LED 腳位
int k1 =7; // 設定按鍵腳位
int gnd=19; // 設定語音合成地線控制腳位
int v5=18; // 設定語音合成 5v 控制腳位
```

```
int ck=14;int sd=15; int rdy=16; int rst=17; //設定語音合成控制腳位
//--------------------------------------
void setup()//初始化設定
{
  pinMode(cir, INPUT);
  pinMode(v5, OUTPUT);   pinMode(gnd, OUTPUT);
  digitalWrite(v5, HIGH);  digitalWrite(gnd, LOW);  delay(1000);
  pinMode(ck, OUTPUT);
  pinMode(rdy, INPUT);
  digitalWrite(rdy, HIGH);
  pinMode(sd, OUTPUT);
  pinMode(rst, OUTPUT);
  pinMode(led, OUTPUT);
  pinMode(k1, INPUT);
  digitalWrite(k1, HIGH);
  digitalWrite(rst, HIGH);
  digitalWrite(ck, HIGH);
  Serial.begin(9600);
}
//-----------------------------------
void led_bl()//LED 閃動
{
int i;
 for(i=0; i<2; i++)
  {
   digitalWrite(led, HIGH); delay(50);
   digitalWrite(led, LOW); delay(50);
  }
}
//-----------------------------------
void op(unsigned char c) //輸出語音合成控制碼
{
unsigned char  i,tb;
 while(1)     //  if(RDY==0) break;
  if(  digitalRead(rdy)==0) break;
   digitalWrite(ck, 0);
    tb=0x80;
     for(i=0; i<8; i++)
      {
       if((c&tb)==tb) digitalWrite(sd, 1);
         else         digitalWrite(sd, 0);
```

```
        tb>>=1;
        digitalWrite(ck, 0);
        delay(10);
        digitalWrite(ck, 1);
      }
}
/*----------------------------------------------------------------------*/
void say(unsigned char *c) //將字串內容輸出到語音合成模組
{
unsigned char c1;
  do{
   c1=*c;
   op(c1);
   c++;
  } while(*c!='\0');
}
/*------------------------*/
void reset()//重置語音合成模組
{
 digitalWrite(rst,0);
 delay(50);
 digitalWrite(rst, 1);
}
//您好，歡迎光臨阿迪羅美食店，有酸辣湯、海鮮粥、滷肉飯、鮮蝦餃
byte m1[]={0xB1, 0x7A, 0xA6, 0x6E, 0xA1, 0x41, 0xC5, 0x77, 0xAA, 0xEF, 0xA5,
0xFA, 0xC1, 0x7B, 0xAA, 0xFC, 0xAD, 0x7D, 0xC3, 0xB9, 0xAC, 0xFC, 0xAD,
0xB9,0xA9, 0xB1, 0xA1, 0x41, 0xA6, 0xB3, 0xBB, 0xC4, 0xBB, 0xB6, 0xB4,
0xF6, 0xA1, 0x42, 0xAE, 0xFC, 0xC2, 0x41, 0xB5, 0xB0, 0xA1, 0x42, 0xBA,
0xB1, 0xA6, 0xD7, 0xB6, 0xBA, 0xA1, 0x42, 0xC2, 0x41, 0xBD, 0xBC, 0xBB,
0xE5, 0};
//酸辣湯，用料超多
byte m2[]={0xBB, 0xC4, 0xBB, 0xB6, 0xB4, 0xF6, 0xA1, 0x41, 0xA5, 0xCE,
0xAE, 0xC6, 0xB6, 0x57, 0xA6, 0x68, 0};
//海鮮粥，新鮮又美味
byte m3[]={0xAE, 0xFC, 0xC2, 0x41, 0xB5, 0xB0, 0xA1, 0x41, 0xB7, 0x73,
0xC2, 0x41, 0xA4, 0x53, 0xAC, 0xFC, 0xA8, 0xFD, 0};
//滷肉飯，香氣撲鼻
byte m4[]={0xBA, 0xB1, 0xA6, 0xD7, 0xB6, 0xBA, 0xA1, 0x41, 0xAD, 0xBB,
0xAE, 0xF0, 0xBC, 0xB3, 0xBB, 0xF3, 0};

//鮮蝦餃，香Q又美味
```

```
byte m5[]={0xC2, 0x41, 0xBD, 0xBC, 0xBB, 0xE5, 0xA1, 0x41, 0xAD, 0xBB,
0x51, 0xA4, 0x53, 0xAC, 0xFC, 0xA8, 0xFD, 0};
//-----------------------------------
void say_vox() //以亂數方式輸出語音
{
char r;
 r=random(4)+1;
 if(r==1) say(m2);
 if(r==2) say(m3);
 if(r==3) say(m4);
 if(r==4) say(m5);
}
//-----------------------------------
void loop()//主程式迴圈
{
char k1c;
int c,i;
 reset(); led_bl();
 while(1) //無窮迴圈
  {
loop:
//偵測按鍵有按鍵則語音合成輸出
     if(digitalRead(k1)==0 ) //偵測按鍵按下則輸出語音
      {
       digitalWrite(led, 1); //LED 亮起
       delay(1000); //延遲一秒
//偵測按鍵按下，則輸出第一段語音
       if(digitalRead(k1)==0 ) { say(m1);   led_bl(); }
//偵測按鍵按下超過一秒，則以亂數方式輸出語音
         else  { led_bl();  led_bl();  led_bl();  say_vox(); }
      }
   if (Serial.available() > 0) //偵測串口有信號傳入，則語音合成輸出
    {  c= Serial.read(); //有信號傳入
     if(c=='1') { say(m1);    led_bl();     }
     if(c=='2') { say(m2);    led_bl();     }
     if(c=='3') { say(m3);    led_bl();     }
     if(c=='4') { say(m4);    led_bl();     }
     if(c=='5') { say(m5);    led_bl();     }
    }
//迴圈掃描是否有遙控器按鍵信號？
   no_ir=1; ir_ins(cir); if(no_ir==1) goto loop;
```

```
// 發現遙控器信號 .，進行轉換 ........................................
    led_bl(); rev();
// 串列介面顯示解碼結果
    for(i=0; i<4; i++)
    {c=(int)com[i]; Serial.print(c); Serial.print(' '); }
    Serial.println();
    delay(100);
// 判斷遙控器按鍵 1 ～ 5 按下則說出語音
    if(com[2]==12) {say(m1);  led_bl();}
    if(com[2]==24) {say(m2);  led_bl();}
    if(com[2]==94) {say(m3);  led_bl();}
    if(com[2]==8) {say(m4);   led_bl();}
    if(com[2]==28) {say(m5);  led_bl();}
      }
}
```

MEMO

Arduino LCD 時鐘

4-1 設計動機及功能

4-2 電路設計

4-3 互動語音內容設計

4-4 程式設計

日常生活中時鐘是一天作息的依據，能善用時間將可提升工作效率。您一天看時鐘多少次，一般時鐘若能結合語音互動功能，將增進使用的方便性。本章以 Arduino 結合 LCD 顯示器，設計一個 Arduino 互動 LCD 時鐘。加入語音回應功能更人性化，還可以擴充聲控命令查詢及回應，達到人機互動的操作。

4-1 設計動機及功能

利用 Arduino 方便下載更新應用程式，適合做各式互動實驗裝置實驗，本章介紹如何設計一台 Arduino LCD 時鐘，以 LCD 模組來顯示目前的時間。時、分、秒計時不僅是時鐘基本功能，很多控制器也需要時間處理。設計的時間控制模組程式，可以移植到 Arduino 控制器相關設計應用，不必再花時間撰寫及測試程式，方便開發專案應用。裝置每半點或整點以語音播報現在時間，提醒過去的時間內，是否已完成相關的進度執行。功能設計如下：

- 以遙控器及中文語音合成模組為 Arduino 增加說話功能。
- 使用文字型 LCD（16X2）來顯示目前的時間。
- 顯示格式為「時時：分分：秒秒」。
- 系統每半點或整點以語音播報現在時間。
- 可擴充聲控命令設定及回應功能。
- 按下遙控器「1」鍵時說出現在時間。

圖 4-1 為 Arduino LCD 時鐘實作拍照圖。

圖 4-1　LCD 時鐘實作

4-2 電路設計

圖 4-2 是語音 LCD 時鐘實驗電路，使用如下零件：

- 文字型 LCD (16X2)：顯示目前的時間。
- 按鍵：設定小時及分鐘資料。
- 壓電喇叭：聲響警示。
- 紅外線遙控器接收模組：接收遙控器按鍵信號。
- MSAY 中文語音合成模組：說出語音。

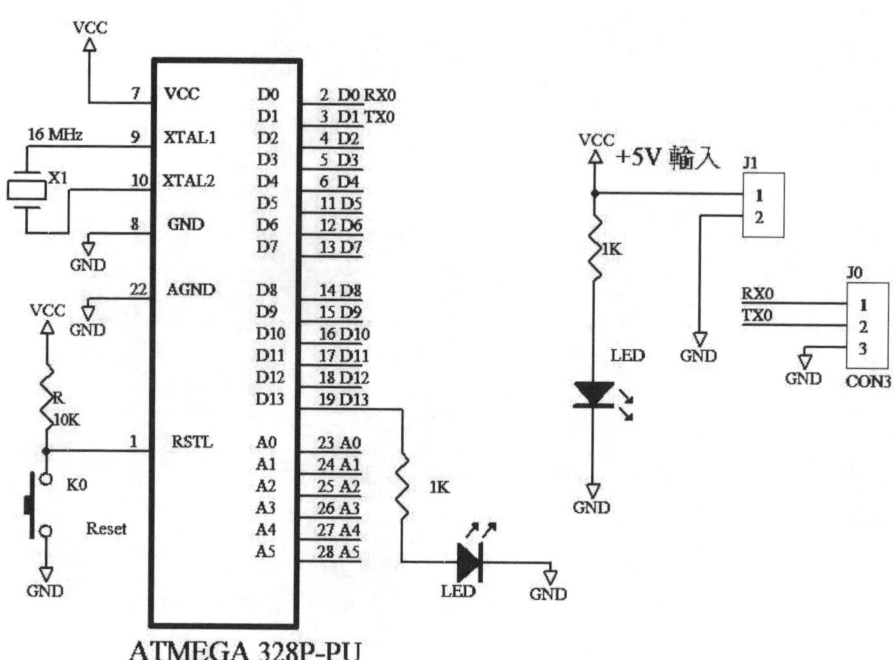
VCC
7 VCC
16 MHz
9 XTAL1
X1
10 XTAL2
8 GND
GND
22 AGND
VCC
R
10K
1 RSTL
K0
Reset
GND
D0 D1 D2 D3 D4 D5 D6 D7 D8 D9 D10 D11 D12 D13 A0 A1 A2 A3 A4 A5
2 D0 RX0
3 D1 TX0
4 D2
5 D3
6 D4
11 D5
12 D6
13 D7
14 D8
15 D9
16 D10
17 D11
18 D12
19 D13
23 A0
24 A1
25 A2
26 A3
27 A4
28 A5
1K
LED
ATMEGA 328P-PU
VCC
+5V 輸入
J1
1
2
1K
LED
J0
RX0
TX0
1
2
3
CON3

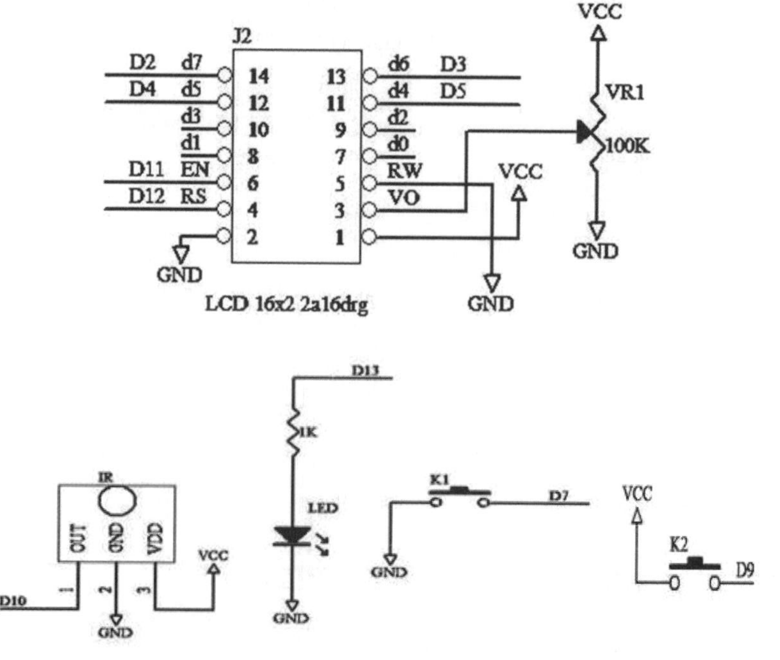
J2
D2 d7
D4 d5
d3
d1
D11 EN
D12 RS
14 12 10 8 6 4 2
13 11 9 7 5 3 1
d6 D3
d4 D5
d2
d0
RW
VO
VCC
VR1
100K
GND
LCD 16x2 2a16drg
D13
1K
LED
IR
OUT GND VDD
1 2 3
D10
VCC
K1
D7
K2
D9

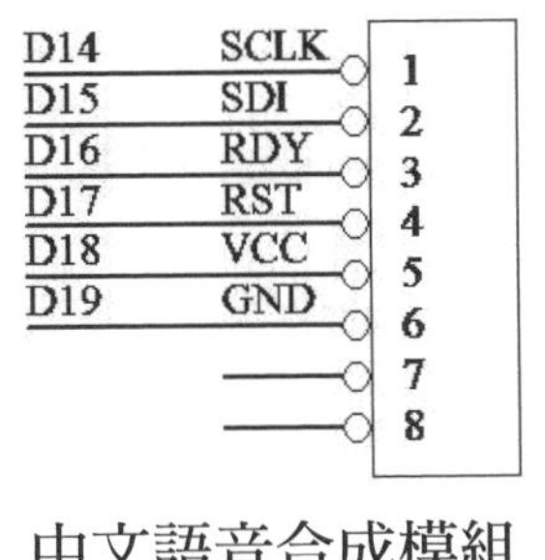

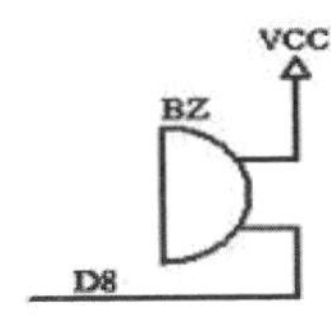

圖 4-2　LCD 時鐘實驗電路

本書實作的裝置是使用 Arduino UNO 控制板相容版本 VNO，上方有 2 組按鍵，可以用來設定小時及分鐘資料，只是一組需要設為低電位動作，一組需要設為高電位動作，並要連到相關控制信號腳位，若以其他方式來做實驗，可以做適當的軟體及硬體修改，方便系統整合。

4-3 互動語音內容設計

本製作以中文語音合成模組説出現在時間，系統每半點或整點以語音播報現在時間。當需要人機對話時，進階語音互動功能可以設計如下：

- 主控端發出語音命令：「時間」。
- 受控端執行語音命令：説出現在時間。

此時 VI 聲控模組聽到有人説出「時間」或「幾點」或「報時」等關鍵字，則會發射信號出去，如同按下遙控器「1」鍵時，説出現在時間。當 Arduino 收到信號解碼後，驅動語音合成模組説出現在時間。此一裝置可額外擴充的應用如下：

- 説出關鍵字「運動時間」，系統説出運動時間設定為幾點，時間到語音通知。

- 說出關鍵字「吃藥時間」，系統說出吃藥時間設定為幾點，時間到語音通知。
- 說出關鍵字「休息時間」，系統說出休息時間設定為幾點，時間到語音通知。
- 說出關鍵字「起床時間」，系統說出早上起床時間設定為幾點，時間到語音通知，如同鬧鐘功能一般，成為語音鬧鈴。

4-4 程式設計

本專題程式以語音合成模組說出現在時間，程式檔名 ack.ino，程式設計主要分為以下幾部分：

- 每隔一秒定時更新現在時間。
- 現在時間顯示於 LCD 上。
- 使用雙按鍵設定小時及分鐘資料。
- 掃描紅外線信號，並進行解碼。
- 解碼後判別出「1」鍵，說出現在時間。
- 以 Arduino 控制語音合成模組說出中文。
- 系統每半點或整點以語音播報現在時間。

Arduino 計時器程式設計，使用 millis() 函數，用來判斷是否過了 1 秒鐘，millis() 函數執行後會傳回開始執行到目前所經過的時間，單位是毫秒（mS），只要執行過 1000 次，表示過了 1 秒鐘，基本程式可以設計如下：

```
unsigned long ti=0;
while(1)// 迴圈
  {
if(millis()-ti>=1000)   // 過了 1 秒鐘
```

```
   {
    ti=millis(); // 紀錄舊的時間計數
// 更新時間顯示資料………………
   }
 }
```

迴圈中判斷時間過了 1 秒鐘後，要做工作是更新時間資料，並判斷時分資料是否溢位，每半點或是整點以語音播報現在時間。同時偵測按鍵操作及掃描遙控器信號。程式可以設計如下：

```
while(1)
{
loop:
// 偵測按鍵操作及掃描遙控器信號
  ……………………………….
// 一秒鐘到則做程序處理
    if(  millis()-ti>=1000 ) // 過了 1 秒鐘
      {
       ti=millis();// 紀錄舊的時間計數
       ss=ss+1;// 秒加一
       if(ss==60) {mm++; ss=0;}// 分加一
       if(mm==60) {hh++; mm=0;}// 小時加一
       if(hh==24) hh=0;// 小時歸零
       show_ck();// 顯示時間
       if( mm==30  && ss==1)say_time(); // 每半點以語音播報現在時間
       if( mm==0   && ss==1) say_time();// 每整點以語音播報現在時間
      }
}
```

在按鍵設計上，使用兩個按鍵 k1 及 k2 分別設定小時及分鐘，功能設計如下：

- k1 按下偵測到小時設定，嗶兩聲，進入小時設定功能。
- k2 按下偵測到分鐘設定，嗶一聲，進入分鐘設定功能。
- 進入設定後按住 k1 鍵超過 0.5 秒則離開設定。

- 進入設定後按一下 k1 鍵則資料加一。
- 進入設定後按一下 k2 鍵則資料減一。

分鐘設定寫法類似小時設定寫法，小時設定程式寫法如下：

```
void set_hh()// 小時設定
{
while(1)
{
 if(digitalRead(k1)==0)// 偵測到 k1 按下
  {
   delay(300); // 時間延遲偵測按住功能
   if(digitalRead(k1)==0) // 按住功能離開設定
      { be(); be(); be(); delay(600); ss=0;  show_ck();  break; }
        else   { // 資料加一設定
                 if(hh==24) { hh=0; be(); be(); } else  { hh++; be();  }
                 show_ck();
           }
  }
 if(digitalRead(k2)==1)// 偵測到 k2 按下，資料減一設定
      {
       if(hh==0) { hh=0; be(); be(); } else  { hh--; be();  }
       show_ck();
      }
  }/* loop */
}
```

程式 ack.ino

```
#include <rc95a.h>// 引用紅外線遙控器解碼程式庫
#include <LiquidCrystal.h> // 引用 LCD 程式庫
int cir =10; // 設定紅外線信號腳位
int led = 13; // 設定 LED 腳位
int k1 =7; // 設定按鍵 1 腳位
int k2 =9; // 設定按鍵 2 腳位
int bz=8; // 設定壓電喇叭控制腳位
int gnd=19; // 設定語音合成地線控制腳位
int v5=18; // 設定語音合成 5v 控制腳位
int ck=14;int sd=15; int rdy=16; int rst=17; // 設定語音合成控制腳位
```

```
int hh=0, mm=0, ss=0; // 時分秒變數
unsigned long ti=0;  // 系統計時參數
//--------------------------------------
LiquidCrystal lcd(12, 11, 5, 4, 3, 2);  //LCD 腳位初始化設定
void setup() { // 初始化設定
  lcd.begin(16, 2);
  Serial.begin(9600);
  pinMode(led, OUTPUT);
  pinMode(k1, INPUT);
  digitalWrite(k1, HIGH);
  pinMode(k2, INPUT);
  digitalWrite(k2, LOW);
  pinMode(bz, OUTPUT);
  digitalWrite(bz, LOW);
  pinMode(cir, INPUT);
  pinMode(v5, OUTPUT);  pinMode(gnd, OUTPUT);
  digitalWrite(v5, HIGH);  digitalWrite(gnd, LOW);  delay(1000);
  pinMode(ck, OUTPUT);
  pinMode(rdy, INPUT);
  digitalWrite(rdy, HIGH);
  pinMode(sd, OUTPUT);
  pinMode(rst, OUTPUT);
  digitalWrite(rst, HIGH);
  digitalWrite(ck, HIGH);
}
//----------------------------------
void led_bl()//LED 閃動
{
int i;
 for(i=0; i<2; i++)
  {
   digitalWrite(led, HIGH); delay(50);
   digitalWrite(led, LOW); delay(50);
  }
}
void be() // 發出嗶聲
{
int i;
 for(i=0; i<100; i++)
  {
   digitalWrite(bz, HIGH); delay(1);
   digitalWrite(bz, LOW); delay(1);
```

```
  }
 delay(10);
}
//----------------------------------------
void show_ck()//顯示時間
{
int c;
 c=(hh/10);  lcd.setCursor(0,1);lcd.print(c);
 c=(hh%10);  lcd.setCursor(1,1);lcd.print(c);
             lcd.setCursor(2,1);lcd.print(":");

 c=(mm/10);  lcd.setCursor(3,1);lcd.print(c);
 c=(mm%10);  lcd.setCursor(4,1);lcd.print(c);
             lcd.setCursor(5,1);lcd.print(":");

 c=(ss/10);  lcd.setCursor(6,1);lcd.print(c);
 c=(ss%10);  lcd.setCursor(7,1);lcd.print(c);
}
//----------------------------------------------------------------
void op(unsigned char c) // 輸出語音合成控制碼
{
unsigned char  i,tb;
 while(1)    //  if(RDY==0) break;
  if(  digitalRead(rdy)==0) break;
   digitalWrite(ck, 0);
    tb=0x80;
     for(i=0; i<8; i++)
      {
       if((c&tb)==tb) digitalWrite(sd, 1);
         else         digitalWrite(sd, 0);
       tb>>=1;
       digitalWrite(ck, 0);
       delay(10);
       digitalWrite(ck, 1);
      }
}
/*---------------------------------------------------------------------*/
void say(unsigned char *c) // 將字串內容輸出到語音合成模組
{
unsigned char c1;
  do{
   c1=*c;
```

```
   op(c1);
   c++;
  } while(*c!='\0');
}
/*-----------------------*/
void reset()// 重置語音合成模組
{
 digitalWrite(rst,0);
 delay(50);
 digitalWrite(rst, 1);
}

// 現在時間
byte mtime[]={0xB2, 0x7B, 0xA6, 0x62, 0xAE, 0xC9, 0xB6, 0xA1, 0};

// 點
byte mhr[]={0xC2, 0x49, 0};

// 分
byte mmin[]={0xA4, 0xC0, 0};

// 秒
byte msec[]={0xAC, 0xED, 0};
//---------------------------------------------------
void say_time()// 説出現在時間
{
int c;
 say(mtime);
 c=hh/10; if(c!=0) op(c+0x30);
 c=hh%10;         op(c+0x30);
 say(mhr);         delay(300);

 c=mm/10; if(c!=0) op(c+0x30);
 c=mm%10;         op(c+0x30);
 say(mmin);         delay(300);

 c=ss/10; if(c!=0) op(c+0x30);
 c=ss%10;          op(c+0x30);
 say(msec);
}
//-----------------------------------
void loop() // 主程式迴圈
```

```
{
 led_bl();be();
 reset();
led_bl();
say(mtime);    //現在時間語音合成輸出
 lcd.setCursor(0, 0);
lcd.print("Ack          ");
 show_ck(); //顯示時間
 while(1) //無窮迴圈
   {
//迴圈掃描是否有遙控器按鍵信號？
   no_ir=1; ir_ins(cir); if(no_ir==1) goto loop;
//發現遙控器信號．，進行轉換
   led_bl(); rev();
// 遙控器按鍵 1 說出現在時間
  if(com[2]==12) { be(); say_time();    }
loop:
// 一秒鐘到則做程序處理
   if(  millis()-ti>=1000 )
      {
       ti=millis();//
       ss=ss+1;
       if(ss==60) {mm++; ss=0;}
       if(mm==60) {hh++; mm=0;}
       if(hh==24) hh=0;
       show_ck();
       if( mm==30   && ss==1   )   say_time();
       if( mm==0    && ss==1   )   say_time();
      }
// 偵測按鍵作時間小時設定
 if(digitalRead(k1)==0) { led_bl(); delay(100);  be(); be(); set_hh();}
// 偵測按鍵作時間分鐘設定
if(digitalRead(k2)==1) { led_bl(); delay(100);  be();  set_mm();}
 }
}
//----------------------------
void set_hh()//小時設定
{
while(1)
{
 if(digitalRead(k1)==0)
  {
```

```
    delay(300); // 時間延遲偵測按住功能
    if(digitalRead(k1)==0) // 按住功能離開設定
        { be(); be(); be(); delay(600); ss=0;  show_ck();  break; }
          else   {
   if(hh==24) { hh=0; be(); be(); } else  { hh++; be();  }
   show_ck();
            }
   }
  if(digitalRead(k2)==1)
       {
        if(hh==0) { hh=0; be(); be(); } else  { hh--; be();  }
        show_ck();
       }
   }/* loop */
}

void set_mm()// 分鐘設定
{
while(1)
{
 if(digitalRead(k1)==0)
   {
    delay(300); // 時間延遲偵測按住功能
    if(digitalRead(k1)==0) // 按住功能離開設定
        { be(); be(); be(); delay(600); ss=0;  show_ck();  break; }
      else   {
               if(mm==60) { mm=0; be(); be(); } else  { mm++; be();  }
               show_ck();
            }
   }
 if(digitalRead(k2)==1)
       {
        if(mm==0) { mm=0; be(); be(); } else  { mm--; be();  }
        show_ck();
       }
   }/* loop */
}
```

MEMO

Arduino LCD 倒數計時器

5-1 設計動機及功能

5-2 電路設計

5-3 互動語音內容設計

5-4 程式設計

日常生活中倒數計時器應用廣泛，若能結合語音互動功能，將增進使用的方便性。本章以 Arduino 結合 LCD 顯示器，設計一個 Arduino 互動 LCD 倒數計時器。其中以遙控器設定倒數時間，加入語音回應功能更人性化，還可以擴充聲控命令設定及回應，達到人機互動的控制，方便老人、盲人、行動不便者使用。

5-1 設計動機及功能

倒數計數器應用廣泛，例如放在家中使用，煮泡麵，煮開水，小睡片刻，看電視休息一下，做一小段時間計時。例如放在實驗室中使用，做一小段時間實驗製程的計時通知，過來觀察結果等應用。當倒數計時終了發出嗶聲提示，通知倒數結束，該做些重要的事了。本章以 Arduino 結合 LCD 顯示器，設計一個 Arduino 互動 LCD 倒數計時器。

Arduino 互動 LCD 倒數計時器會說出倒數時間，方便盲人認知，可以接收聲控指令設定倒數時間。由基本功能為按鍵倒數，再加上遙控器可以增加設定的倒數時間，加入語音回應功能更人性化，還可以擴充聲控命令設定及回應，達到人機互動的控制。

設計功能如下：

- 使用文字型 LCD（16X2）來顯示目前倒數的時間。
- 顯示格式為「分分：秒秒」。
- 按鍵操作重新設定倒數計時時間為 5 分鐘。
- 當計時為 0 時則發出嗶聲。
- 重置後內定倒數計時時間為 5 分鐘。
- 當按下遙控器按鍵後，會做出如下設定：

- 按鍵 1：設定倒數計時時間為 5 分鐘。
- 按鍵 2：設定倒數計時時間為 10 分鐘。
- 按鍵 3：設定倒數計時時間為 20 分鐘。
- 按鍵 4：說出剩下時間。
- 按鍵 5：停止倒數計時。
- 按鍵 6：啟動倒數計時。

■ 倒數時間到了，發出嗶聲，當按下遙控器任何按鍵，則 LED 連續閃動，倒數計時時間又重置為 2 分鐘，開始倒數。

■ 可擴充聲控命令設定及回應功能。

圖 5-1 為 Arduino LCD 倒數計時器實作拍照。

圖 5-1　LCD 倒數計時器實作

5-2 電路設計

圖 5-2 是倒數計時器實驗電路，使用如下零件：

- 文字型 LCD（16X2）：顯示目前倒數計時。
- 按鍵：設定倒數計時時間為 5 分鐘。
- 壓電喇叭：聲響警示。
- 紅外線遙控器接收模組：接收遙控器按鍵信號。
- MSAY 中文語音合成模組：說出語音。

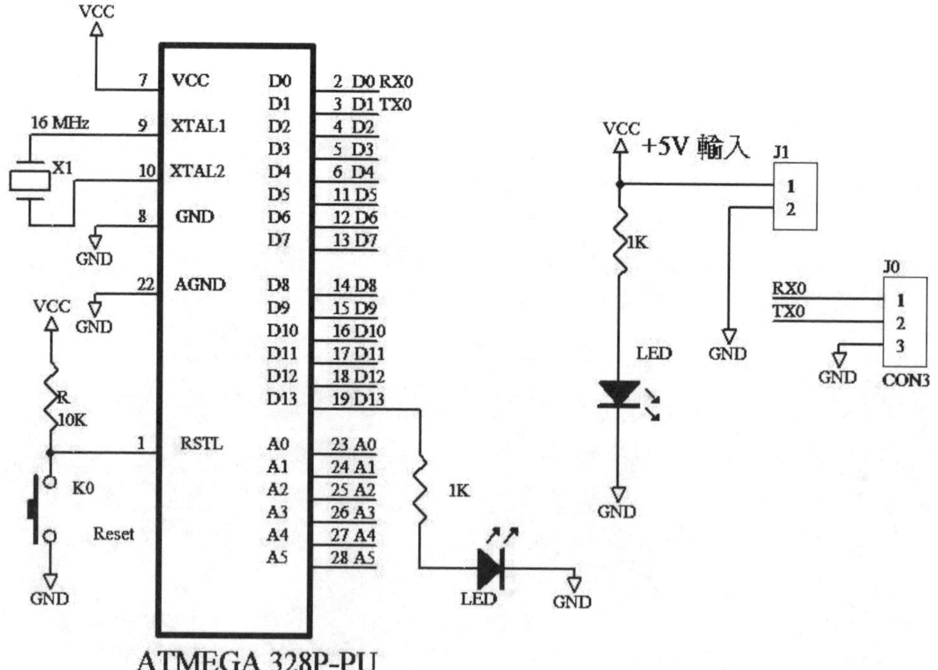

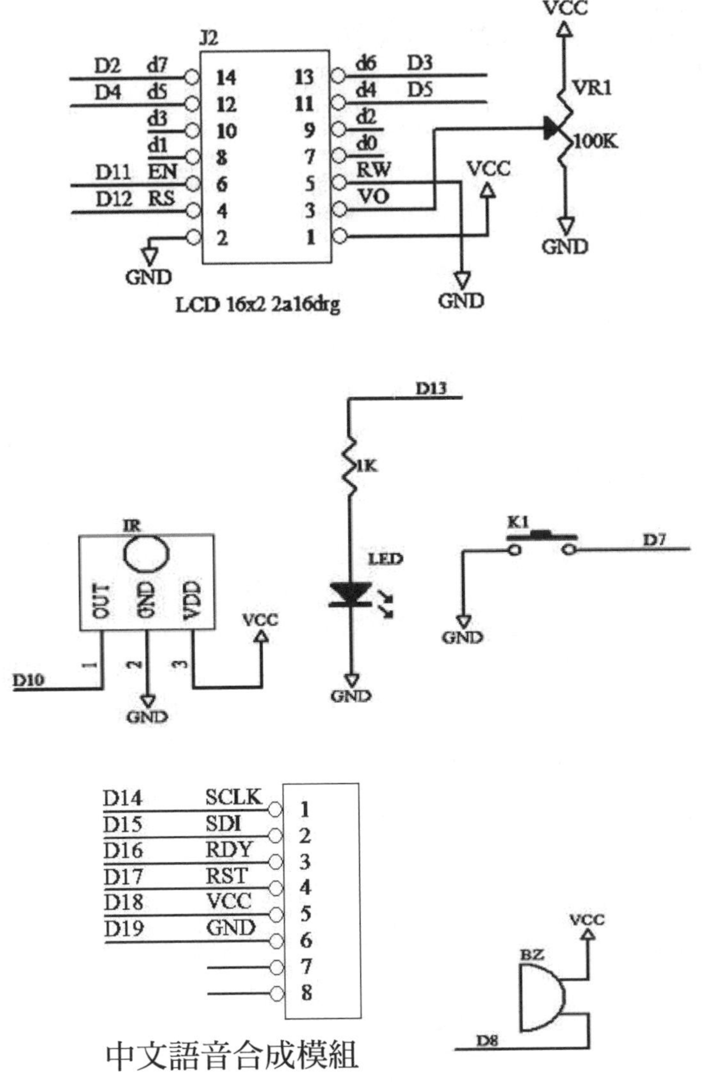

圖 5-2 倒數計時器實驗電路

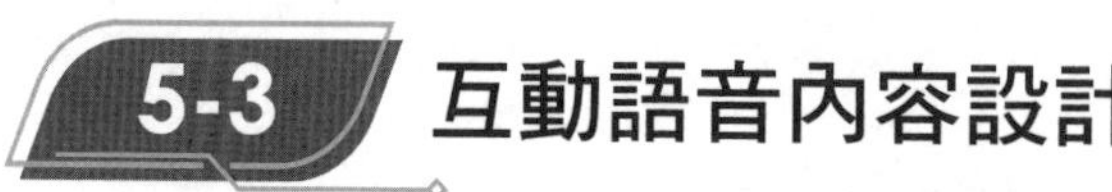

5-3 互動語音內容設計

系統接受遙控器按鍵，設定如下功能：

- 按鍵 1：設定倒數計時時間為 5 分鐘。
- 按鍵 2：設定倒數計時時間為 10 分鐘。
- 按鍵 3：設定倒數計時時間為 20 分鐘。
- 按鍵 4：說出剩下時間。
- 按鍵 5：停止倒數計時。
- 按鍵 6：啟動倒數計時。

VI 聲控模組發射相關按鍵紅外線信號出去，便可以啟動倒數計時器。進階語音互動功能可以設計如下：

- 主控端發出語音命令：「倒數五分鐘」。
- 受控端執行語音命令：設定倒數五分鐘並說出「倒數五分鐘」。

此時 VI 聲控模組聽到有人說出「倒數五分鐘」關鍵字，則會發射信號出去，當 Arduino 收到信號解碼後，設定倒數五分鐘並驅動語音合成模組說出該段語音。

完整的語音命令控制，可以設計如下：

- 語音命令：「倒數五分鐘」，裝置倒數計時設定為 5 分鐘。
- 語音命令：「倒數十分鐘」，裝置倒數計時設定為 10 分鐘。

- 語音命令：「倒數二十分鐘」，裝置倒數計時設定為 20 分鐘。
- 語音命令：「剩下時間」，裝置説出剩下時間。
- 語音命令：「停止」，停止倒數計時。
- 語音命令：「啟動」，啟動倒數計時。

5-4 程式設計

本專題程式以語音合成模組説出倒數時間功能，程式檔名 atdo.ino，程式設計主要分為以下幾部分：

- 每隔一秒定時更新倒數的時間。
- 倒數時間顯示於 LCD 上。
- 使用按鍵設定倒數 5 分鐘。
- 掃描紅外線信號，並進行解碼。
- 解碼後判別出各按鍵，分別設定倒數時間。
- 以 Arduino 控制語音合成模組説出中文。
- 倒數時間到了，發出嗶聲，相關程序處理。

程式中設計一 tf 狀態旗號來記錄計時器是否啟動，tf 為 1 時，才需要執行倒數功能，可以由遙控器按鍵 5 停止倒數功能，按鍵 6 來啟動倒數功能。

迴圈中掃描遙控器信號，判斷時間過了 1 秒鐘後，要做倒數程序處理，同時偵測是否有按下按鍵。程式設計如下：

```
while(1) //迴圈
  {
//迴圈掃描是否有遙控器按鍵信號？
   no_ir=1; ir_ins(cir); if(no_ir==1) goto loop;
//發現遙控器信號.，進行轉換
   led_bl(); rev();
//按鍵動作執行，按鍵1、2、3  設定倒數時間
  if(com[2]==12) { say(m1);  be();mm=5; ss=1; }
  if(com[2]==24) { say(m2);  be(); be(); mm=10; ss=1; }
  if(com[2]==94) { say(m3);  be(); be(); be(); mm=20; ss=1;  }
//按鍵4說出剩下時間，按鍵5停止，按鍵6 啟動
  if(com[2]==8) { say_tdo();}
  if(com[2]==28) {tf=0; be(); say(m4); }
  if(com[2]==90) {tf=1; be();be();say(m5);}
loop:
   if( millis()-ti>=1000  && tf==1) //是否過了1 秒鐘？
     {
//過了1 秒鐘
 ti=millis();
// 倒數程序處理……..
……………………………………………
   }
// 偵測按鍵作倒數時間設定
k1c=digitalRead(k1);
 if(k1c==0) {be(); led_bl(); mm=2; ss=10; show_tdo();   }
}
```

程式 atdo.ino

```
#include <rc95a.h> /引用紅外線遙控器解碼程式庫
#include <LiquidCrystal.h> //引用LCD程式庫
int cir =10; //設定紅外線信號腳位
int led = 13; //設定LED腳位
int k1 =7; //設定按鍵1腳位
int bz=8; //設定壓電喇叭控制腳位
```

```
int gnd=19; // 設定語音合成地線控制腳位
int v5=18; // 設定語音合成 5v 控制腳位
int ck=14;int sd=15; int rdy=16; int rst=17; // 設定語音合成控制腳位
int mm=20, ss=10; // 時分秒變數
unsigned long ti=0;  // 系統計時參數
boolean tf=1; // 計時器是否啟動
//--------------------------------------
LiquidCrystal lcd(12, 11, 5, 4, 3, 2); //LCD 腳位初始化設定
void setup() {  // 初始化設定
  lcd.begin(16, 2);
  Serial.begin(9600);
  pinMode(led, OUTPUT);
  pinMode(k1, INPUT);
  digitalWrite(k1, HIGH);
  pinMode(bz, OUTPUT);
  digitalWrite(bz, LOW);
  pinMode(cir, INPUT);
  pinMode(v5, OUTPUT);   pinMode(gnd, OUTPUT);
  digitalWrite(v5, HIGH);  digitalWrite(gnd, LOW);  delay(1000);
  pinMode(ck, OUTPUT);
  pinMode(rdy, INPUT);
  digitalWrite(rdy, HIGH);
  pinMode(sd, OUTPUT);
  pinMode(rst, OUTPUT);
  digitalWrite(rst, HIGH);
  digitalWrite(ck, HIGH);
}
//-----------------------------------
void led_bl()//LED 閃動
{
int i;
 for(i=0; i<2; i++)
  {
   digitalWrite(led, HIGH); delay(50);
   digitalWrite(led, LOW); delay(50);
  }
}
void be()// 發出嗶聲
{
int i;
 for(i=0; i<100; i++)
```

```
   {
    digitalWrite(bz, HIGH); delay(1);
    digitalWrite(bz, LOW); delay(1);
   }
  delay(10);
 }
//------------------------------------------
void show_tdo()//顯示倒數時間
{
int c;
 c=(mm/10);  lcd.setCursor(0,1);lcd.print(c);
 c=(mm%10);  lcd.setCursor(1,1);lcd.print(c);
             lcd.setCursor(2,1);lcd.print(":");
 c=(ss/10);    lcd.setCursor(3,1);lcd.print(c);
 c=(ss%10);  lcd.setCursor(4,1);lcd.print(c);
}
//----------------------------------------------------------------
void op(unsigned char c) // 輸出語音合成控制碼
{
unsigned char  i,tb;
 while(1)    //  if(RDY==0) break;
  if( digitalRead(rdy)==0) break;
   digitalWrite(ck, 0);
    tb=0x80;
     for(i=0; i<8; i++)
       {
// send data bit   bit 7 first o/p
       if((c&tb)==tb) digitalWrite(sd, 1);
         else          digitalWrite(sd, 0);
       tb>>=1;
// clk low
       digitalWrite(ck, 0);
       delay(10);
       digitalWrite(ck, 1);
       }
}
/*---------------------------------------------------------------------*/
void say(unsigned char *c) //將字串內容輸出到語音合成模組
{
unsigned char c1;
  do{
```

```
    c1=*c;
    op(c1);
    c++;
  } while(*c!='\0');
}
/*------------------------*/
void reset()// 重置語音合成模組
{
 digitalWrite(rst,0);
 delay(50);
 digitalWrite(rst, 1);
}
// 中文 Big5 內碼，內容：語音合成
byte m0[]={0xbb, 0x79, 0xad,0xb5, 0xa6, 0x58, 0xa6,0xa8,0};
// 倒數五分鐘
byte m1[]={0xAD, 0xCB, 0xBC, 0xC6, 0xA4, 0xAD, 0xA4, 0xC0, 0xC4, 0xC1, 0};
// 倒數十分鐘
byte m2[]={0xAD, 0xCB, 0xBC, 0xC6, 0xA4, 0x51, 0xA4, 0xC0, 0xC4, 0xC1, 0};
// 倒數二十分鐘
byte m3[]={0xAD, 0xCB, 0xBC, 0xC6, 0xA4, 0x47, 0xA4, 0x51, 0xA4, 0xC0,
0xC4, 0xC1, 0};
// 停止
byte m4[]={0xB0, 0xB1, 0xA4, 0xEE, 0};
// 啟動
byte m5[]={0xB1, 0xD2, 0xB0, 0xCA, 0};

// 剩下時間
byte m6[]={0xB3, 0xD1, 0xA4, 0x55, 0xAE, 0xC9, 0xB6, 0xA1, 0};
// 分鐘
byte mmin[]={0xA4, 0xC0, 0xC4, 0xC1, 0};
// 秒鐘
byte msec[]={0xAC, 0xED, 0xC4, 0xC1, 0};
//----------------------------------------
void say_tdo()// 說出倒數時間
{
int c;
 say(m6);
 c=mm/10; if(c!=0) op(c+0x30);
 c=mm%10;          op(c+0x30);
 say(mmin);        delay(300);
```

```
 c=ss/10; if(c!=0) op(c+0x30);
 c=ss%10;          op(c+0x30);
 say(msec);
}
//-----------------------------------
void loop()// 主程式迴圈
{
char k1c;
 led_bl();be();
 reset(); led_bl();
 say(m0);   // 語音合成輸出
 lcd.setCursor(0, 0);lcd.print("AR BTD 1-6 set");
 show_tdo();
 while(1)
  {
// 迴圈掃描是否有遙控器按鍵信號？
   no_ir=1; ir_ins(cir); if(no_ir==1) goto loop;
// 發現遙控器信號 .，進行轉換
   led_bl(); rev();
// 按鍵動作執行，按鍵 1、2、3  設定倒數時間
  if(com[2]==12) { say(m1);  be();mm=5; ss=1; }
  if(com[2]==24) { say(m2);  be(); be(); mm=10; ss=1; }
  if(com[2]==94) { say(m3);  be(); be(); be(); mm=20; ss=1;  }
// 按鍵 4 剩下時間，按鍵 5 停止，按鍵 d6 啟動
  if(com[2]==8) { say_tdo();}
  if(com[2]==28) {tf=0; be(); say(m4); }
  if(com[2]==90) {tf=1; be();be();say(m5);}
loop:
// 一秒時間到更新時間相關程序
   if(  millis()-ti>=1000  && tf==1)
     {
        ti=millis();
        show_tdo();
       if (ss==1 && mm==0)
        while(1)
          {
         if( digitalRead(cir)==0 )
            {
             deli();
             if( digitalRead(cir)==0 )
               { be(); led_bl(); mm=2; ss=10; show_tdo();
```

```
                led_bl(); led_bl();led_bl(); break; }
            }
            be();
// 偵測按鍵作重新啟動倒數時間設定
            k1c=digitalRead(k1);
            if(k1c==0) {be(); led_bl(); mm=2; ss=10; show_tdo(); break;    }
           }
        ss--;  if(ss==0)  { mm--; ss=59; }
     }// 1 sec
// 偵測按鍵作倒數時間設定
k1c=digitalRead(k1);
 if(k1c==0) {be(); led_bl(); mm=2; ss=10; show_tdo();    }
  }
}
```

MEMO

Arduino 投球機

「倒數 90 秒」,「加油」,「還剩 9 秒」,「得分」以上是 Arduino 互動投球機説出的語音，可以 MSAY 中文合成模組，結合 Arduino 程式碼輕易的實現，還可以下達命令，直接聲控啟動。動手用 Arduino 做一台投球機自娛娛人吧！

6-1 設計動機及功能

上一章介紹的倒數計時器應用廣泛，除了一般時間計時應用外，還可以與運動項目相結合，例如球賽計時、健身運動器材計時、投球機計時等應用上。在開始運動時，啟動倒數計時，即時加入語音提示語，可以增進裝置的趣味互動性，還可以擴充聲控命令設定及回應，達到完整人機互動的控制效果。本章以 Arduino 結合 LCD 顯示器，設計一台 Arduino 互動投球機。功能設計如下：

- 以紙盒子設計一簡單球框機構，使玩具球可以被投入。
- 在球框的底部安裝接近感知器，偵測小球進入球框。
- 使用文字型 LCD 來顯示目前倒數的時間。
- 顯示格式為「分分：秒秒」。
- 當計時為 0 時則發出音效。
- 重置後內定倒數計時時間為 5 分鐘。
- 當按下遙控器按鍵後，會做出如下設定：
  - 按鍵 1：設定倒數計時時間為 5 分鐘。
  - 按鍵 2：設定倒數計時時間為 10 分鐘。
  - 按鍵 3：設定倒數計時時間為 20 分鐘。
  - 按鍵 4：説出剩下時間。

- 按鍵 5：停止倒數計時。
- 按鍵 6：啟動倒數計時。

■ 可擴充聲控命令設定及回應功能。

圖 6-1 為 Arduino 投球機實作拍照。在遙控器旁邊的是另一種接近感知器模組，體機小適合固定安裝於機構，偵測小球進入球框時，當做得分偵測感知器用。

圖 6-1　投球機實作

圖 6-2 是實驗用投球機球框機構製作圖，組成如下：

■ 直徑 7 公分的玩具球。

- 適合 7 公分玩具球投入的紙碗（直徑 8 公分）。
- 連接及固定用膠帶。
- 用一般小型包裝紙盒（3x5x6 公分）當底座。

用紙器來做實驗裝置，一來環保二來容易加工修改來做實驗，製作步驟：

STEP 1 將紙碗底部以美工刀挖空，並測試玩具球是否可以順利通過。

STEP 2 將紙碗與底座靠近以雙面自黏膠帶固定用。

STEP 3 將得分偵測感知器以膠帶固定在紙碗底端。

STEP 4 得分偵測感知器連到控制板。

STEP 5 反覆調整感知器位置，使球可以順利進入紙碗，感知器可以輸出低電位信號。

STEP 6 打開底座內部放入小重物（如石頭）用以固定底座。

以上組裝及測試完成後，便可以開始來做 Arduino 投球機實驗了。圖 6-3 是當球進入球框示意圖，實驗時可以多準備幾顆球來投個過癮，搭配語音功能，效果不錯玩。

圖 6-2　投球機球框機構製作

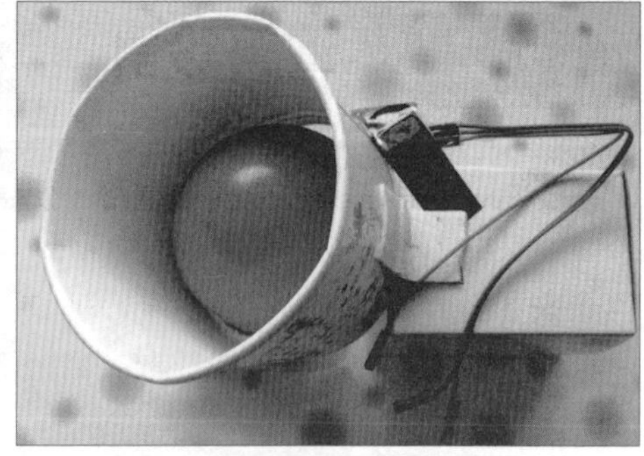

圖 6-3　當球進入球框示意圖

6-2 電路設計

圖 6-4 是投球機實驗電路，使用如下零件：

- 文字型 LCD：顯示目前倒數計時。
- 按鍵：設定倒數計時時間為 5 分鐘。
- 壓電喇叭：聲響警示及音效。
- 紅外線遙控器接收模組：接收遙控器按鍵信號。
- MSAY 中文語音合成模組：說出語音。
- 接近感知器：當做得分偵測器。

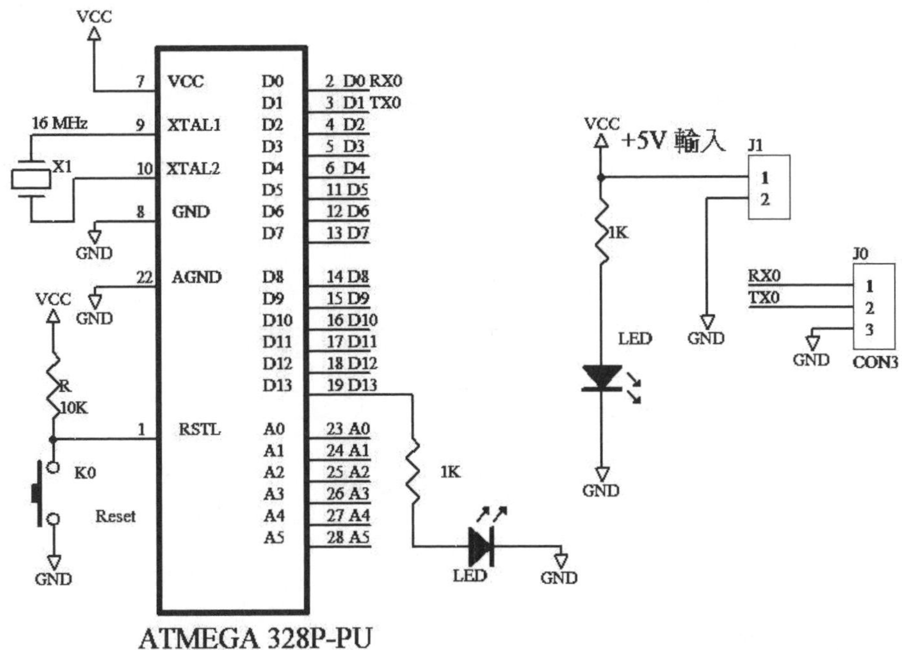

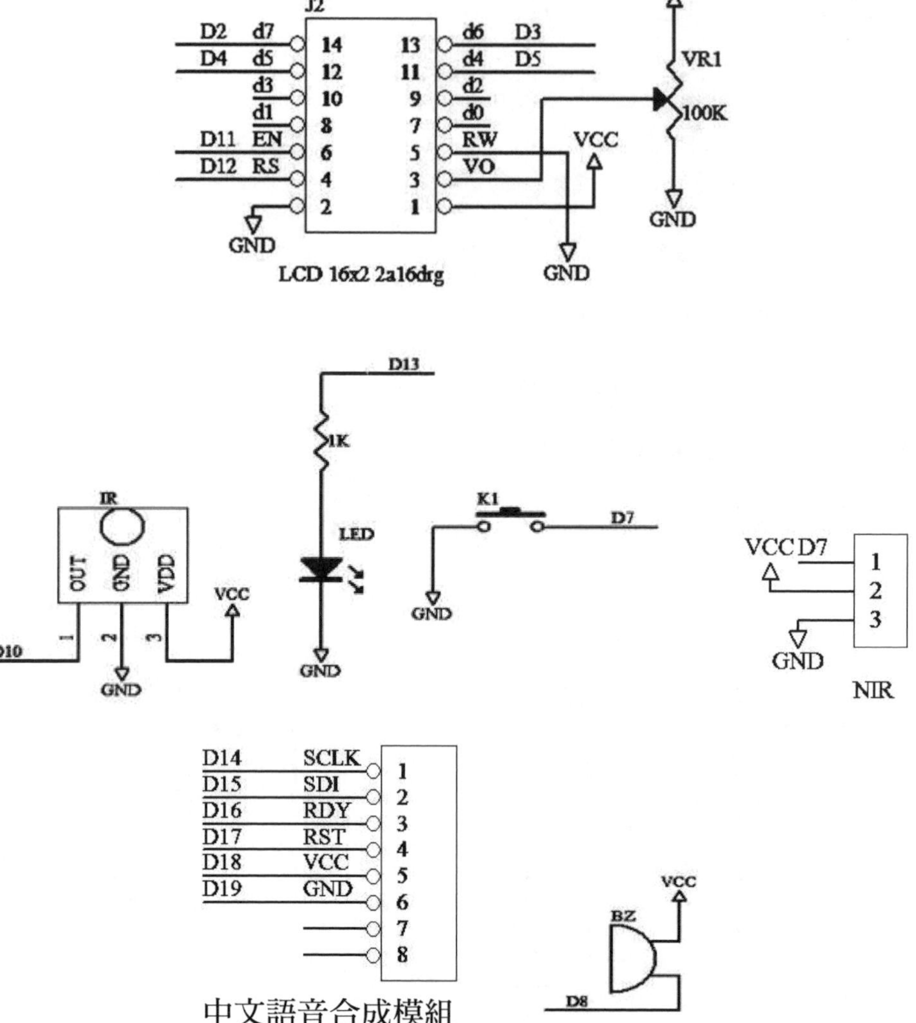

圖 6-4　投球機實驗電路

圖 6-5 為接近感知器實體圖，為 3 支腳位包裝：

- 5v 電源接腳（標示為 V）。
- 地端（標示為 G）。

■ 數位輸出（標示為 S），低電位動作，表示偵測到前有物體，否則輸出高電位。

通電後當有人靠近時，內部的 LED 燈會亮起，可以小起子微調上方的可變電阻，來調整距離靈敏度，約 1 至 15 公分。

接近感知器在電路設計上，標示為 NIR，連接至控制信號 D7 與按鍵共用控制線同樣是低電位動作。平時輸入端設定為高電位，當按鍵按下時變為低電位，可以模擬得分狀態。剛開始測試時，不需安裝感知器，便可以做得分時的模擬實驗。

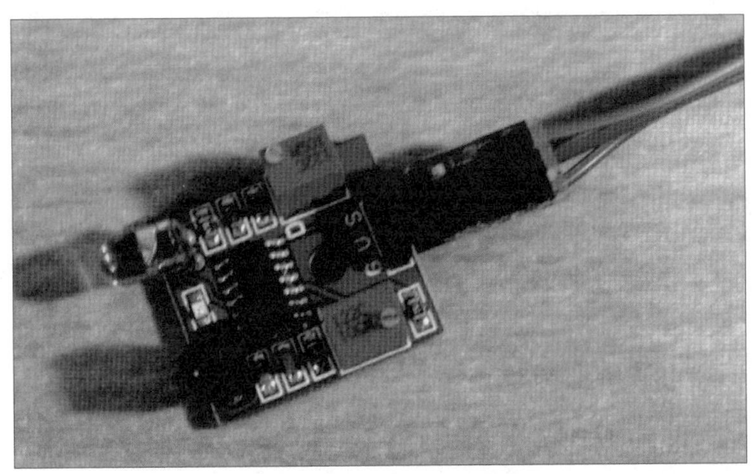

圖 6-5　Arduino 投球機使用的接近感應器模組

6-3 互動語音內容設計

Arduino 投球機會以語音說出目前系統倒數時間，增加投球機的趣味性，並接受聲控指令操作。系統會說出「倒數五分鐘」,「還剩 9 秒」,「得分」等語音。

- 語音「倒數五分鐘」：遙控器設定後說出來。
- 語音「還剩 9 秒」：目前系統倒數時間只剩 9 秒時說出來。
- 語音「得分」：當球進入球框時說出來。

進階聲控指令互動功能可以設計如下：

- 主控端發出語音命令：「倒數五分鐘」。
- 受控端執行語音命令：設定倒數五分鐘並說出「倒數五分鐘」。

此時 VI 聲控模組聽到有人說出「倒數五分鐘」關鍵字，則會發射信號出去，當 Arduino 收到信號解碼後，設定倒數五分鐘並驅動語音合成模組說出該段語音。

完整的語音命令控制，可以設計如下：

- 語音命令：「倒數五分鐘」，裝置倒數計時設定為 5 分鐘。
- 語音命令：「倒數十分鐘」，裝置倒數計時設定為 10 分鐘。
- 語音命令：「倒數二十分鐘」，裝置倒數計時設定為 20 分鐘。
- 語音命令：「剩下時間」，裝置說出剩下時間。
- 語音命令：「停止」，停止倒數計時。
- 語音命令：「啟動」，啟動倒數計時。

6-4 程式設計

本專題程式以語音合成模組說中文，來設計投球機，程式檔名 aball.ino，程式設計主要分為以下幾部分：

- 每隔一秒定時更新倒數的時間。
- 倒數時間顯示於 LCD 上。
- 掃描接近感知器，偵測小球進入球框。
- 掃描紅外線信號，並進行解碼。
- 解碼後判別出各按鍵，分別設定倒數時間。
- 以 Arduino 控制語音合成模組說出中文。
- 倒數時間到了，發出音效及相關程序處理。

主程式設計本身為一迴圈，依不同事件觸發來執行對應的程式。事件觸發有遙控器按鍵偵測、秒時間計時、得分偵測感知器信號觸發，在對應的程式中，配合模組說中文，來設計互動的語音投球機。設計架構如下：

```
while(1) // 無窮迴圈
  {
// 迴圈掃描是否有遙控器按鍵信號？
   no_ir=1; ir_ins(cir); if(no_ir==1) goto loop;
// 發現遙控器信號．，進行轉換 .......................................
   led_bl(); rev();
// 按鍵動作執行，按鍵 1、2、3  設定倒數時間
  if(com[2]==12) { tf=1; set(); say(m1);  be();mm=0; ss=30; }
  if(com[2]==24) { tf=1; set(); say(m2);  be(); be(); mm=1; ss=1; }
  if(com[2]==94) { tf=1; set(); say(m3);  be(); be(); be(); mm=1;
   ss=30;  }
// 按鍵 4 說出剩下時間，按鍵 5 停止，按鍵 6  啟動
  if(com[2]==8) { say_tdo();}
```

```
  if(com[2]==28) {tf=0; be(); say(m4); }
  if(com[2]==90) {tf=1; be();be();say(m5);}
loop:
// 一秒時間到倒數更新時間相關程序
   if(  millis()-ti>=1000  && tf==1)
     {
        ti=millis();
        show_tdo();
        if(ss%5==0) say(m7);
        ss--;  if(ss==0)  { mm--; ss=59; }
        if (ss==1 && mm==0) { ss=0; show_tdo(); tf=0; ef3(); ef3(); }
        if (ss==10 && mm==0) say_tdo9();
    }// 1 sec
 k1c=digitalRead(k1); // 偵測感知器信號，若有則得分
 if(k1c==0) {ef1(); be(); led_bl();  sco++; show_sco(); say(m8);  }
  }
}
```

程式 aball.ino

```
#include <rc95a.h> // 引用紅外線遙控器解碼程式庫
#include <LiquidCrystal.h>  // 引用 LCD 程式庫
int cir =10; // 設定紅外線信號腳位
int led = 13; // 設定 LED 腳位
int k1 =7;    // 設定按鍵腳位
int bz=8;    // 設定壓電喇叭控制腳位
int gnd=19; // 設定語音合成地線控制腳位
int v5=18; // 設定語音合成 5v 控制腳位
int ck=14;int sd=15; int rdy=16; int rst=17; // 設定語音合成控制腳位
int mm=1, ss=10; // 分秒變數
unsigned long ti=0; // 系統計時參數
boolean tf=1;// 啟動計時器
int sco=0;// 得分
//----------------------------------------
LiquidCrystal lcd(12, 11, 5, 4, 3, 2); //LCD 腳位初始化設定
void setup() { // 初始化設定
  lcd.begin(16, 2);
  Serial.begin(9600);
  pinMode(led, OUTPUT);
  pinMode(k1, INPUT);
  digitalWrite(k1, HIGH);
```

```
  pinMode(bz, OUTPUT);
  digitalWrite(bz, LOW);
  pinMode(cir, INPUT);
  pinMode(v5, OUTPUT);   pinMode(gnd, OUTPUT);
  digitalWrite(v5, HIGH);  digitalWrite(gnd, LOW);  delay(1000);
  pinMode(ck, OUTPUT);
  pinMode(rdy, INPUT);
  digitalWrite(rdy, HIGH);
  pinMode(sd, OUTPUT);
  pinMode(rst, OUTPUT);
  digitalWrite(rst, HIGH);
  digitalWrite(ck, HIGH);
}
//-----------------------------------
void led_bl()//LED 閃動
{
int i;
 for(i=0; i<2; i++)
  {
   digitalWrite(led, HIGH); delay(50);
   digitalWrite(led, LOW); delay(50);
  }
}
void be()// 發出嗶聲
{
int i;
 for(i=0; i<100; i++)
  {
   digitalWrite(bz, HIGH); delay(1);
   digitalWrite(bz, LOW); delay(1);
  }
 delay(10);
}
//-----------------------------------------
void show_tdo()//顯示倒數時間
{
int c;
 c=(mm/10);  lcd.setCursor(0,1);lcd.print(c);
 c=(mm%10);  lcd.setCursor(1,1);lcd.print(c);
             lcd.setCursor(2,1);lcd.print(":");
 c=(ss/10);  lcd.setCursor(3,1);lcd.print(c);
 c=(ss%10);  lcd.setCursor(4,1);lcd.print(c);
```

```
}

void show_sco()//顯示得分
{
int c;
 c=(sco/10);  lcd.setCursor(14,0);lcd.print(c);
 c=(sco%10);  lcd.setCursor(15,0);lcd.print(c);
}
//----------------------------------------------------------------
void op(unsigned char c) //輸出語音合成控制碼
{
unsigned char  i,tb;
 while(1)    //  if(RDY==0) break;
  if(  digitalRead(rdy)==0) break;
   digitalWrite(ck, 0);
    tb=0x80;
     for(i=0; i<8; i++)
      {
       if((c&tb)==tb) digitalWrite(sd, 1);
         else         digitalWrite(sd, 0);
       tb>>=1;
       digitalWrite(ck, 0);
       delay(10);
       digitalWrite(ck, 1);
      }
}
/*-----------------------------------------------*/
void say(unsigned char *c) //將字串內容輸出到語音合成模組
{
unsigned char c1;
  do{
   c1=*c;
   op(c1);
   c++;
  } while(*c!='\0');
}
/*-----------------------*/
void reset()//重置語音合成模組
{
 digitalWrite(rst,0);
 delay(50);
 digitalWrite(rst, 1);
```

```
}
// 中文Big5 內碼，內容：語音合成
byte m0[]={0xbb, 0x79, 0xad,0xb5, 0xa6, 0x58, 0xa6,0xa8,0};

//計時三十秒
byte m1[]={0xAD, 0x70, 0xAE, 0xC9, 0xA4, 0x54, 0xA4, 0x51, 0xAC, 0xED,
0x20, 0x20, 0x20, 0};
//計時六十秒
byte m2[]={0xAD, 0x70, 0xAE, 0xC9, 0xA4, 0xBB, 0xA4, 0x51, 0xAC, 0xED, 0};
//計時九十秒
byte m3[]={0xAD, 0x70, 0xAE, 0xC9, 0xA4, 0x45, 0xA4, 0x51, 0xAC, 0xED, 0};

//停止
byte m4[]={0xB0, 0xB1, 0xA4, 0xEE, 0};
//啟動
byte m5[]={0xB1, 0xD2, 0xB0, 0xCA, 0};
//剩下時間
byte m6[]={0xB3, 0xD1, 0xA4, 0x55, 0xAE, 0xC9, 0xB6, 0xA1, 0};
//分鐘
byte mmin[]={0xA4, 0xC0, 0xC4, 0xC1, 0};
//秒鐘
byte msec[]={0xAC, 0xED, 0xC4, 0xC1, 0};
//加油
byte m7[]={0xA5, 0x5B, 0xAA, 0x6F, 0};
//得分
byte m8[]={0xB1, 0x6F, 0xA4, 0xC0, 0};
//-------------------------------------
void say_tdo9()//說出剩下 9 秒
{
int c;
 say(m6);
 op(9+0x30);
 say(msec);
}
//-----------------------------------------
void say_tdo()//說出剩下時間
{
int c;
 say(m6);
 c=mm/10; if(c!=0) op(c+0x30);
 c=mm%10;           op(c+0x30);
 say(mmin);         delay(300);
```

```
 c=ss/10; if(c!=0) op(c+0x30);
 c=ss%10;          op(c+0x30);
 say(msec);
}
//----------------------------------
void ef1() // 音效 1
{
int i;
 for(i=0; i<10; i++)
   {
    tone(bz, 700+50*i);  delay(30);
   }
  noTone(bz);
}
//---------------------------------------
void ef2()// 音效 2
{
int i;
 for(i=0; i<30; i++)
   {
    tone(bz, 700+50*i);  delay(30);
   }
  noTone(bz); delay(1000);
}
//--------------------------------------------
void set()// 重設得分
{
 sco=0; show_sco();
}
//-----------------------------------
void loop()// 主程式迴圈
{
char k1c;
 led_bl();be();
 reset(); led_bl(); say(m0);    // 語音合成輸出
 lcd.setCursor(0, 0);lcd.print("AR Aball game  0");
 show_tdo();  show_sco();   ef1();
 while(1) // 無窮迴圈
   {
// 迴圈掃描是否有遙控器按鍵信號？
    no_ir=1; ir_ins(cir); if(no_ir==1) goto loop;
```

```
// 發現遙控器信號 .，進行轉換 ........................................
   led_bl(); rev();
// 按鍵動作執行，按鍵 1、2、3  設定倒數時間
  if(com[2]==12) { tf=1; set(); say(m1);  be();mm=0; ss=30; }
  if(com[2]==24) { tf=1; set(); say(m2);  be(); be(); mm=1; ss=1; }
  if(com[2]==94) { tf=1; set(); say(m3);  be(); be(); be(); mm=1; ss=30;  }
// 按鍵 4 說出剩下時間，按鍵 5 停止，按鍵 6  啟動
  if(com[2]==8) { say_tdo();}
  if(com[2]==28) {tf=0; be(); say(m4); }
  if(com[2]==90) {tf=1; be();be();say(m5);}
loop:
// 一秒時間到倒數更新時間相關程序
   if(  millis()-ti>=1000  && tf==1)
     {
        ti=millis();
        show_tdo();
        if(ss%5==0) say(m7);
        ss--;  if(ss==0)  { mm--; ss=59; }
        if (ss==1 && mm==0) { ss=0; show_tdo(); tf=0; ef3(); ef3(); }
        if (ss==10 && mm==0) say_tdo9();
    }// 1 sec
 k1c=digitalRead(k1); // 偵測感知器信號，若有則得分
 if(k1c==0) {ef1(); be(); led_bl();  sco++; show_sco(); say(m8);  }
  }
}
```

MEMO

Arduino 背誦九九乘法表

家中有幼兒的家長一定會看到小朋友在背誦九九乘法表，有了 Arduino 及 MSAY 中文合成模組，自己可以動手組裝一台語音九九乘法表，幫助家中幼兒學習九九乘法表，以語音幫助記憶學習，又有機會增進親子互動關係，小朋友對 Arduino 一定會很好奇！居然會說話！

7-1 設計動機及功能

時間太久遠了，自己不記得小學時如何背誦九九乘法表，但是印象中還記得兒子背誦九九乘法表的那段時光，我還用錄音裝置先錄起來，然後反覆播放聆聽，漸漸地便記起來了。現在有 Arduino 加上中文合成模組說出中文，當然要重溫舊時光，讓 Arduino 背誦九九乘法表，將來設計機器人應用時，可以直接移植過去。

Arduino 裝置背誦九九乘法表，也可以用來吸引小朋友對電子裝置好奇心，裝置會說出中文，誘發小朋友從小對電子 DIY 組裝興趣，享受與父母親一起組裝 Arduino 的樂趣。功能設計如下：

- 以語音幫助小朋友記憶學習九九乘法表。
- 經由 Arduino 裝置增進親子互動關係。
- 可以學習 Arduino 語音合成控制技巧。
- 可以按鍵啟動。
- 可以遙控器遙控操作，按下 1 ～ 9，裝置分別說出該段語音。
- 可以聲控操作，說出 1 ～ 9，裝置分別說出該段語音。

圖 7-1 為 Arduino 背誦九九乘法表裝置實作拍照。

圖 7-1　背誦九九乘法表裝置實作

7-2 電路設計

圖 7-2 是背誦九九乘法表實驗電路，使用如下零件：

- 按鍵：測試功能。
- 紅外線接收模組：接收遙控器信號。
- 遙控器：遙控語音播放。
- MSAY 中文合成模組：說出內容。
- VI 聲控模組：可以聲控啟動。

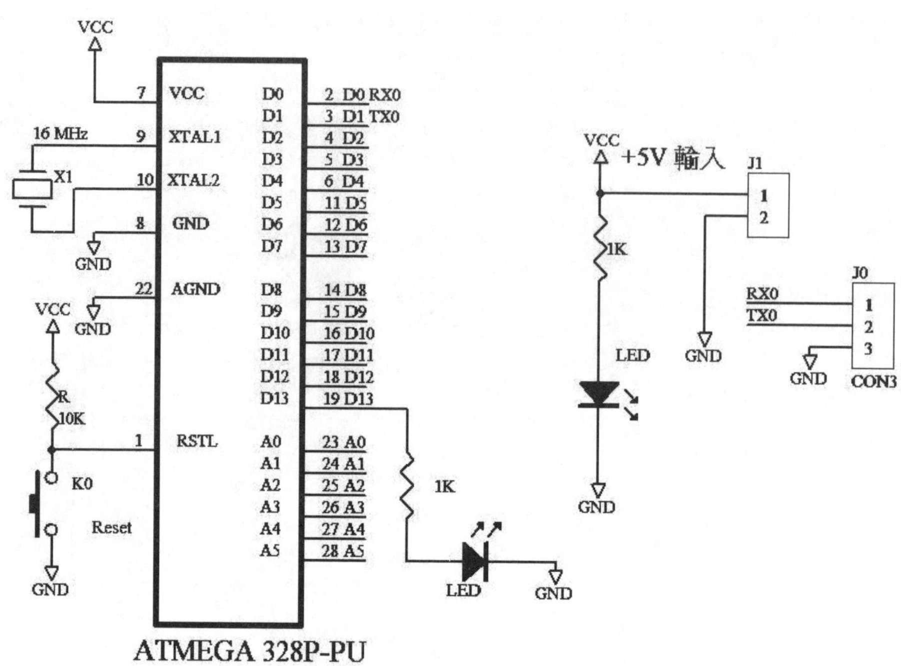

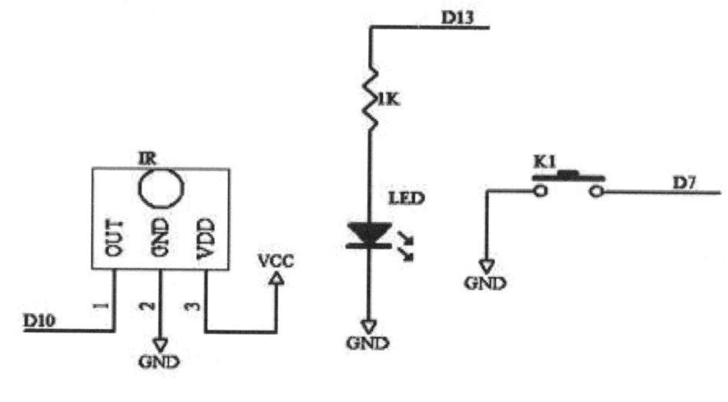

D14 SCLK 1
D15 SDI 2
D16 RDY 3
D17 RST 4
D18 VCC 5
D19 GND 6
7
8

中文語音合成模組

圖 7-2　Arduino 背誦九九乘法表電路

7-3 互動語音內容設計

Arduino 背誦九九乘法表可以遙控器遙控操作，按下 1 ～ 9 鍵，分別説出該段語音來做互動，例如按下「7」鍵，使裝置説出「七」該段語音數字一系列乘法內容：

- 七一得七。
- 七二得十四。
- 七三得二一。
- 七四得二八。
- 七五得三五。
- 七六得四二。
- 七七得四九。
- 七八得五六。
- 七九得六三。

或是用聲控啟動。互動功能可以設計如下：

- 主控端發出語音命令：「七乘法表」。
- 受控端執行語音命令：説出「七」該段語音數字。

此時 VI 聲控模組聽到有人説出「七乘法表」關鍵字，則會發射信號出去，當 Arduino 收到信號解碼後執行動作。

7-4 程式設計

Arduino 背誦九九乘法表，程式檔名 a99.ino，程式設計主要分為以下幾部分：

- MSAY 說中文驅動程式。
- 紅外線接收模組接收遙控器信號，輸出語音。
- 紅外線接收模組接收聲控發射之信號。
- 偵測按鍵有按鍵則語音合成輸出。
- 偵測串列介面有信號傳入則語音合成輸出。

由於聲控發射之紅外線信號格式與遙控器信號相同，因此聲控發射之紅外線信號解碼可以省略，也就是聲控與遙控器發射之信號共用相同的解碼程式，解碼出數字 1 ～ 9，以語音輸出該段乘法內容。

Arduino 執行後，打開串列介面監控器，可以監控遙控器解碼資料。有 4 種方法測試語音輸出：

1. 按鍵觸發。
2. 遙控器按下數字 1 ～ 9，以語音輸出該段乘法內容。
3. 串列介面監控器中輸入數字 1 ～ 9，以語音輸出該段乘法內容。
4. 若有啟用 VI 中文聲控功能，並載入相關聲控互動命令，說出 1 ～ 9：以語音輸出該段乘法內容。

程式 a99.ino

```
#include <rc95a.h> // 引用紅外線遙控器解碼程式庫
int cir =10 ; // 設定遙控器解碼信號腳位
```

```
int led = 13; //設定 LED 腳位
int k1 =7; //設定按鍵腳位
int gnd=19; //設定語音合成地線控制腳位
int v5=18; //設定語音合成 5v 控制腳位
int ck=14;int sd=15; int rdy=16; int rst=17; //設定語音合成控制腳位
//-----------------------------------------
void setup()//初始化設定
{
  pinMode(cir, INPUT);
  pinMode(v5, OUTPUT);    pinMode(gnd, OUTPUT);
  digitalWrite(v5, HIGH);  digitalWrite(gnd, LOW);  delay(1000);
  pinMode(ck, OUTPUT);
  pinMode(rdy, INPUT);
  digitalWrite(rdy, HIGH);
  pinMode(sd, OUTPUT);
  pinMode(rst, OUTPUT);
  pinMode(led, OUTPUT);

  pinMode(k1, INPUT);
  digitalWrite(k1, HIGH);
  digitalWrite(rst, HIGH);
  digitalWrite(ck, HIGH);
  Serial.begin(9600);
}
//-------------------------------------
void led_bl()//LED 閃動
{
int i;
 for(i=0; i<2; i++)
  {
   digitalWrite(led, HIGH); delay(50);
   digitalWrite(led, LOW); delay(50);
  }
}
//-------------------------------------
void op(unsigned char c) //輸出語音合成控制碼
{
unsigned char  i,tb;
 while(1)    //  if(RDY==0) break;
  if(  digitalRead(rdy)==0) break;
   digitalWrite(ck, 0);
    tb=0x80;
```

```
      for(i=0; i<8; i++)
       {
        if((c&tb)==tb) digitalWrite(sd, 1);
          else         digitalWrite(sd, 0);
        tb>>=1;
        digitalWrite(ck, 0);
        delay(10);
        digitalWrite(ck, 1);
       }
}
/*------------------------------------------------------------------*/
void say(unsigned char *c) //將字串內容輸出到語音合成模組
{
unsigned char c1;
  do{
   c1=*c;
   op(c1);
   c++;
  } while(*c!='\0');
}
/*-----------------------*/
void reset()//重置語音合成模組
{
 digitalWrite(rst,0);
 delay(50);
 digitalWrite(rst, 1);
}
//得
byte get[]={0xB1, 0x6F, 0};
void loop()//主程式迴圈
{
char k1c;
int c,i;
 reset(); led_bl();
 while(1) //無窮迴圈
  {
loop:
     k1c=digitalRead(k1); //偵測按鍵有按鍵則語音合成輸出
     if(k1c==0) { saym1();   led_bl(); }

  if (Serial.available() > 0) //偵測串口有信號傳入，則語音合成輸出
    {  c= Serial.read(); //有信號傳入
```

```
    if(c=='1') { saym1();     led_bl();     }
    if(c=='2') { saym2();     led_bl();     }
    if(c=='3') { saym3();     led_bl();     }
    if(c=='4') { saym4();     led_bl();     }
    if(c=='5') { saym5();     led_bl();     }
    if(c=='6') { saym6();     led_bl();     }
    if(c=='7') { saym7();     led_bl();     }
    if(c=='8') { saym8();     led_bl();     }
    if(c=='9') { saym9();     led_bl();     }
  }
// 迴圈掃描是否有遙控器按鍵信號？
  no_ir=1; ir_ins(cir); if(no_ir==1) goto loop;
// 發現遙控器信號 .，進行轉換 ..............................................
  led_bl(); rev();
// 串列介面顯示解碼結果
  for(i=0; i<4; i++)
  {c=(int)com[i]; Serial.print(c); Serial.print(' '); }
  Serial.println();
  delay(100);
// 比對遙控器按鍵碼，數字 1 ～ 9，執行動作
  if(com[2]==12) {saym1();  led_bl();}
  if(com[2]==24) {saym2();  led_bl();}
  if(com[2]==94) {saym3();  led_bl();}
  if(com[2]==8)  {saym4();   led_bl();}
  if(com[2]==28) {saym5();  led_bl();}

  if(com[2]==90) {saym6();  led_bl();}
  if(com[2]==66) {saym7();  led_bl();}
  if(com[2]==82) {saym8();  led_bl();}
  if(com[2]==74) {saym9();  led_bl();}
    }//loop
}
// 語音輸出 '1' 段乘法內容
void saym1()
{
 op('1'); op('1'); say(get); op('1');
 op('1'); op('2'); say(get); op('2');
 op('1'); op('3'); say(get); op('3');
 op('1'); op('4'); say(get); op('4');
 op('1'); op('5'); say(get); op('5');
 op('1'); op('6'); say(get); op('6');
 op('1'); op('7'); say(get); op('7');
```

```
 op('1'); op('8'); say(get); op('8');
 op('1'); op('9'); say(get); op('9');
}
//語音輸出'2'段乘法內容
void saym2()
{
 op('2'); op('1'); say(get); op('2');
 op('2'); op('2'); say(get); op('4');
 op('2'); op('3'); say(get); op('6');
 op('2'); op('4'); say(get); op('8');
 op('2'); op('5'); say(get); op('1'); op('0');
 op('2'); op('6'); say(get); op('1'); op('2');
 op('2'); op('7'); say(get); op('1'); op('4');
 op('2'); op('8'); say(get); op('1'); op('6');
 op('2'); op('9'); say(get); op('1'); op('8');
}
//語音輸出'3'段乘法內容
void saym3()
{
 op('3'); op('1'); say(get); op('3');
 op('3'); op('2'); say(get); op('6');
 op('3'); op('3'); say(get); op('9');
 op('3'); op('4'); say(get); op('1'); op('2');
 op('3'); op('5'); say(get); op('1'); op('5');
 op('3'); op('6'); say(get); op('1'); op('8');
 op('3'); op('7'); say(get); op('2'); op('1');
 op('3'); op('8'); say(get); op('2'); op('4');
 op('3'); op('9'); say(get); op('2'); op('7');
}
//語音輸出'4'段乘法內容
void saym4()
{
 op('4'); op('1'); say(get); op('4');
 op('4'); op('2'); say(get); op('8');
 op('4'); op('3'); say(get); op('1'); op('2');
 op('4'); op('4'); say(get); op('1'); op('6');
 op('4'); op('5'); say(get); op('2'); op('0');
 op('4'); op('6'); say(get); op('2'); op('4');
 op('4'); op('7'); say(get); op('2'); op('8');
 op('4'); op('8'); say(get); op('3'); op('2');
 op('4'); op('9'); say(get); op('3'); op('6');
}
```

```
// 語音輸出 '5' 段乘法內容
void saym5()
{
 op('5'); op('1'); say(get); op('5');
 op('5'); op('2'); say(get); op('1'); op('0');
 op('5'); op('3'); say(get); op('1'); op('5');
 op('5'); op('4'); say(get); op('2'); op('0');
 op('5'); op('5'); say(get); op('2'); op('5');
 op('5'); op('6'); say(get); op('3'); op('0');
 op('5'); op('7'); say(get); op('3'); op('5');
 op('5'); op('8'); say(get); op('4'); op('0');
 op('5'); op('9'); say(get); op('4'); op('5');
}
// 語音輸出 '6' 段乘法內容
void saym6()
{
 op('6'); op('1'); say(get); op('6');
 op('6'); op('2'); say(get); op('1'); op('2');
 op('6'); op('3'); say(get); op('1'); op('8');
 op('6'); op('4'); say(get); op('2'); op('4');
 op('6'); op('5'); say(get); op('3'); op('0');
 op('6'); op('6'); say(get); op('3'); op('6');
 op('6'); op('7'); say(get); op('4'); op('2');
 op('6'); op('8'); say(get); op('4'); op('8');
 op('6'); op('9'); say(get); op('5'); op('4');
}
// 語音輸出 '7' 段乘法內容
void saym7()
{
 op('7'); op('1'); say(get); op('7');
 op('7'); op('2'); say(get); op('1'); op('4');
 op('7'); op('3'); say(get); op('2'); op('1');
 op('7'); op('4'); say(get); op('2'); op('8');
 op('7'); op('5'); say(get); op('3'); op('5');
 op('7'); op('6'); say(get); op('4'); op('2');
 op('7'); op('7'); say(get); op('4'); op('9');
 op('7'); op('8'); say(get); op('5'); op('6');
 op('7'); op('9'); say(get); op('6'); op('3');
}
// 語音輸出 '8' 段乘法內容
void saym8()
{
```

```
 op('8'); op('1'); say(get); op('8');
 op('8'); op('2'); say(get); op('1'); op('6');
 op('8'); op('3'); say(get); op('2'); op('4');
 op('8'); op('4'); say(get); op('3'); op('2');
 op('8'); op('5'); say(get); op('4'); op('0');
 op('8'); op('6'); say(get); op('4'); op('8');
 op('8'); op('7'); say(get); op('5'); op('6');
 op('8'); op('8'); say(get); op('6'); op('4');
 op('8'); op('9'); say(get); op('7'); op('2');
}
//語音輸出'9'段乘法內容
void saym9()
{
 op('9'); op('1'); say(get); op('9');
 op('9'); op('2'); say(get); op('1'); op('8');
 op('9'); op('3'); say(get); op('2'); op('7');
 op('9'); op('4'); say(get); op('3'); op('6');
 op('9'); op('5'); say(get); op('4'); op('5');
 op('9'); op('6'); say(get); op('5'); op('4');
 op('9'); op('7'); say(get); op('6'); op('3');
 op('9'); op('8'); say(get); op('7'); op('2');
 op('9'); op('9'); say(get); op('8'); op('1');
}
//----------------------------------------
```

Arduino 說唐詩

8-1　設計動機及功能

8-2　電路設計

8-3　互動語音內容設計

8-4　程式設計

許多家長常常不希望家中幼兒輸在起跑點，於是幼稚園起便開始學中文識字，常會接觸到唐詩等優美詞句，常常陪伴小孩看故事書，聽有聲書，有了 Arduino 及 MSAY 中文合成模組，自己可以動手組裝一台語音唐詩故事書，既可增進親子關係，又可體驗 Arduino DIY 神奇的功能，從小培養開啟對電子、科技的探索好奇心。

8-1 設計動機及功能

市面上有適合幼童學習的互動語音童書，幫助小孩學習詩詞或是故事書，現在有了 Arduino 說中文技術，於是就來設計以 Arduino 裝置說出唐詩，可用來吸引小朋友對電子裝置好奇心，用語音幫助小朋友記憶詩詞。此外 Arduino 裝置說出中文誘發小朋友從小對電子 DIY 組裝興趣，經由 Arduino 裝置組裝，增進親子互動關係。功能設計如下：

- Arduino 裝置可以下載程式，可以自行設計不同的唐詩等語音教材。
- 可以學習 Arduino 語音合成控制技巧。
- 可以遙控器遙控操作，按下 1 ～ 4 鍵，裝置分別說出該段語音。
- 可以聲控操作，說出 1 ～ 4，裝置分別說出該段語音。
- 可以由電腦串列介面測試語音合成輸出。

Arduino 語音唐詩集組裝成品如圖 8-1 所示。

圖 8-1　Arduino 語音唐詩集實作

8-2 電路設計

圖 8-2 是語音唐詩實驗電路，使用如下零件：

- 按鍵：測試功能。
- 紅外線接收模組：接收遙控器信號。
- 遙控器：遙控語音播放。
- MSAY 中文合成模組：說出內容。
- VI 聲控模組：聲控啟動。

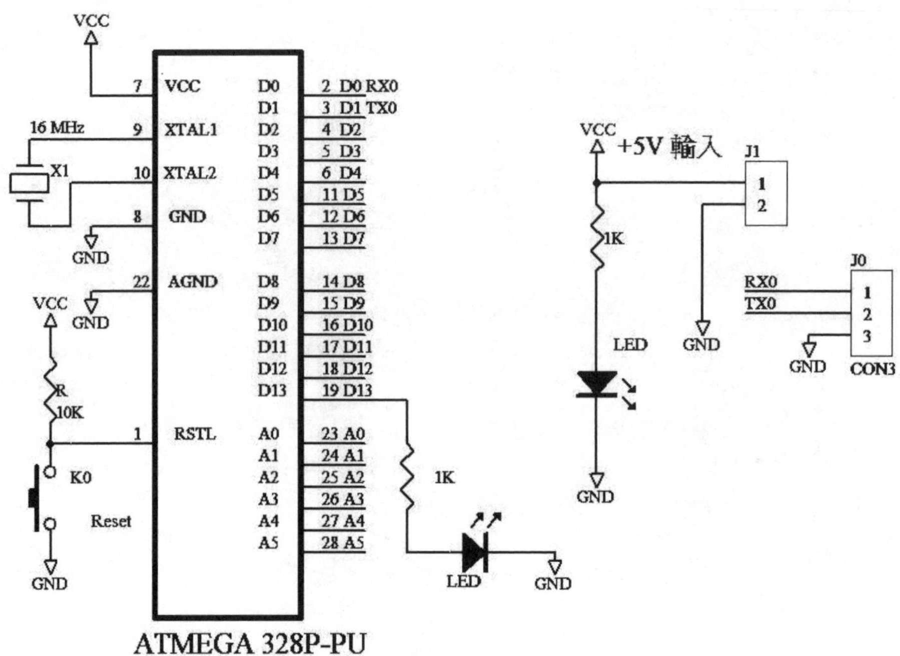

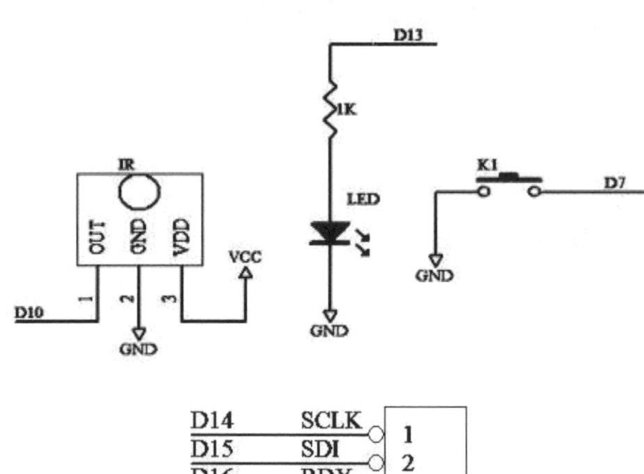

圖 8-2　Arduino 語音說唐詩電路

8-3 互動語音內容設計

本製作以中文語音合成模組說出唐詩，按下遙控器按鍵，輸出該句詩詞。當需要人機聲控對話時，進階語音互動功能可以設計如下：

- 主控端發出語音命令：「床前明月光」。
- 受控端回覆語音：「床前明月光，疑似地上霜，舉頭望明月，低頭思故鄉」。

此時 VI 聲控模組聽到有人說出「床前明月光」等關鍵字，則會發射信號出去，如同按下遙控器按鍵，當 Arduino 收到信號解碼後，驅動語音合成模組說出該句詩詞。

完整的唐詩內容設計如下：

- 白日依山盡，黃河入海流，欲窮千里目，更上一層樓。
- 床前明月光，疑是地上霜，舉頭望明月，低頭思故鄉。
- 紅豆生南國，春來發幾枝，願君多採集，此物最相思。
- 春眠不覺曉，處處聞啼鳥，夜來風雨聲，花落知多少。

完整的語音命令控制，可以設計如下：

- 語音命令：「床前明月光」，模組說出下段詩詞。
- 語音命令：「唐詩一」，語音輸出唐詩一。
- 語音命令：「唐詩二」，語音輸出唐詩二。
- 語音命令：「唐詩三」，語音輸出唐詩三。

8-4 程式設計

Arduino 語音說唐詩，程式檔名為 apo.ino，程式設計分為以下幾部分：

- MSAY 說中文驅動程式。
- 紅外線接收模組接收遙控器信號，輸出語音。
- 紅外線接收模組接收聲控發射之信號。
- 偵測按鍵有按鍵則語音合成輸出。
- 偵測串列介面有信號傳入則語音合成輸出。

由於聲控發射之紅外線信號格式與遙控器信號相同，因此聲控發射之紅外線信號解碼可以省略，聲控與遙控器發射之信號共用相同的解碼程式，解碼出數字 1 ～ 4，以語音輸出該段內容。

程式 apo.ino

```
#include <rc95a.h> //引用紅外線遙控器解碼程式庫
int cir =10 ; //設定信號腳位
int led = 13; //設定 LED 腳位
int k1 =7; //設定按鍵腳位
int gnd=19; //設定語音合成地線控制腳位
int v5=18; //設定語音合成 5v 控制腳位
int ck=14;int sd=15; int rdy=16; int rst=17; //設定語音合成控制腳位
//--------------------------------------
void setup()//初始化設定
{
  pinMode(cir, INPUT);
  pinMode(v5, OUTPUT);   pinMode(gnd, OUTPUT);
  digitalWrite(v5, HIGH);  digitalWrite(gnd, LOW);  delay(1000);
  pinMode(ck, OUTPUT);
  pinMode(rdy, INPUT);
  digitalWrite(rdy, HIGH);
  pinMode(sd, OUTPUT);
```

```
  pinMode(rst, OUTPUT);
  pinMode(led, OUTPUT);
  pinMode(k1, INPUT);
  digitalWrite(k1, HIGH);
  digitalWrite(rst, HIGH);
  digitalWrite(ck, HIGH);
  Serial.begin(9600);
}
//------------------------------------
void led_bl()//LED 閃動
{
int i;
 for(i=0; i<2; i++)
  {
   digitalWrite(led, HIGH); delay(50);
   digitalWrite(led, LOW); delay(50);
  }
}
//------------------------------------
void op(unsigned char c) // 輸出語音合成控制碼
{
unsigned char  i,tb;
 while(1)
  if(  digitalRead(rdy)==0) break;
   digitalWrite(ck, 0);
    tb=0x80;
     for(i=0; i<8; i++)
      {
       if((c&tb)==tb) digitalWrite(sd, 1);
         else     digitalWrite(sd, 0);
       tb>>=1;
       digitalWrite(ck, 0);
       delay(10);
       digitalWrite(ck, 1);
      }
}
/*------------------------------------------------------------*/
void say(unsigned char *c) // 說出字串內容
{
unsigned char c1;
  do{
   c1=*c;
```

```
    op(c1);
    c++;
  } while(*c!='\0');
}
/*-----------------------*/
void reset()//重置語音合成模組
{
 digitalWrite(rst,0);
 delay(50);
 digitalWrite(rst, 1);
}

//語音唐詩集
byte m0[]={0xBB, 0x79, 0xAD, 0xB5, 0xAD, 0xF0, 0xB8, 0xD6, 0xB6, 0xB0, 0};

//白日依山盡，黃河入海流，欲窮千里目，更上一層樓
byte m1[]={0x22, 0xA5, 0xD5, 0xA4, 0xE9, 0xA8, 0xCC, 0xA4, 0x73, 0xBA,
0xC9, 0xA1, 0x41, 0xB6, 0xC0, 0xAA, 0x65, 0xA4, 0x4A, 0xAE, 0xFC, 0xAC,
0x79, 0xA1, 0x41, 0xB1, 0xFD, 0xBD, 0x61, 0xA4, 0x64, 0xA8, 0xBD, 0xA5,
0xD8, 0xA1, 0x41, 0xA7, 0xF3, 0xA4, 0x57, 0xA4, 0x40, 0xBC, 0x68, 0xBC,
0xD3, 0};

//床前明月光，疑是地上霜，舉頭望明月，低頭思故鄉
byte m2[]={0x22, 0xA7, 0xC9, 0xAB, 0x65, 0xA9, 0xFA, 0xA4, 0xEB, 0xA5,
0xFA, 0xA1, 0x41, 0xBA, 0xC3, 0xAC, 0x4F, 0xA6, 0x61, 0xA4, 0x57, 0xC1,
0xF7, 0xA1, 0x41, 0xC1, 0x7C, 0xC0, 0x59, 0xB1, 0xE6, 0xA9, 0xFA, 0xA4,
0xEB, 0xA1, 0x41, 0xA7, 0x43, 0xC0, 0x59, 0xAB, 0xE4, 0xAC, 0x47, 0xB6,
0x6D, 0};

//紅豆生南國，春來發幾枝，願君多採集，此物最相思
byte m3[]={0x22, 0xAC, 0xF5, 0xA8, 0xA7, 0xA5, 0xCD, 0xAB, 0x6E, 0xB0,
0xEA, 0xA1, 0x41, 0xAC, 0x4B, 0xA8, 0xD3, 0xB5, 0x6F, 0xB4, 0x58, 0xAA,
0x4B, 0xA1, 0x41, 0xC4, 0x40, 0xA7, 0x67, 0xA6, 0x68, 0xB1, 0xC4, 0xB6,
0xB0, 0xA1, 0x41, 0xA6, 0xB9, 0xAA, 0xAB, 0xB3, 0xCC, 0xAC, 0xDB, 0xAB,
0xE4, 0};

//春眠不覺曉，處處聞啼鳥，夜來風雨聲，花落知多少
byte m4[]={0x22, 0xAC, 0x4B, 0xAF, 0x76, 0xA4, 0xA3, 0xC4, 0xB1, 0xBE,
0xE5, 0xA1, 0x41, 0xB3, 0x42, 0xB3, 0x42, 0xBB, 0x44, 0xB3, 0xDA, 0xB3,
0xBE, 0xA1, 0x41, 0xA9, 0x5D, 0xA8, 0xD3, 0xAD, 0xB7, 0xAB, 0x42, 0xC1,
0x6E, 0xA1, 0x41, 0xAA, 0xE1, 0xB8, 0xA8, 0xAA, 0xBE, 0xA6, 0x68, 0xA4,
0xD6, 0};
```

```
void loop()//主程式迴圈
{
char k1c;
int c,i;
 reset(); led_bl();
say(m0);
 while(1) //無窮迴圈
  {
loop:
     k1c=digitalRead(k1); //偵測按鍵有按鍵則語音合成輸出
     if(k1c==0) { say(m1);   led_bl(); }
  if (Serial.available() > 0) //偵測串口有信號傳入，則語音合成輸出
    {  c= Serial.read(); //有信號傳入
     if(c=='1') { say(m1);    led_bl();    }
     if(c=='2') { say(m2);    led_bl();    }
     if(c=='3') { say(m3);    led_bl();    }
     if(c=='4') { say(m4);    led_bl();    }
    }
// 迴圈掃描是否有遙控器按鍵信號？
   no_ir=1; ir_ins(cir); if(no_ir==1) goto loop;
// 發現遙控器信號 .，進行轉換
   led_bl(); rev();
// 串列介面顯示解碼結果
   for(i=0; i<4; i++)
   {c=(int)com[i]; Serial.print(c); Serial.print(' '); }
   Serial.println();
   delay(100);
// 比對遙控器按鍵碼，數字 1～4，執行動作
   if(com[2]==12) {say(m1);  led_bl();}
   if(com[2]==24) {say(m2);  led_bl();}
   if(com[2]==94) {say(m3);  led_bl();}
   if(com[2]==8) {say(m4);   led_bl();}
  }
}
```

MEMO

Arduino 語音樂透機

9-1 設計動機及功能

9-2 電路設計

9-3 由串列介面輸出亂數

9-4 LCD 樂透機

9-5 語音樂透機

想中樂透嗎？卻無靈感找出幸運的數字來簽注。有了 Arduino 及 MSAY 中文合成模組，自己可以動手組裝一台 Arduino 語音樂透機，組裝完成後，試一下手氣吧！或許您就是下位千萬幸運兒！先由 Arduino 程式設計中，學到軟硬體技術來改運，再由運氣創造財富，不是不可能哦！

9-1 設計動機及功能

學習 Arduino 能幫我們預測樂透數字，您相信嗎？應用 Arduino 內建有亂數產生函數，動手組裝一台 Arduino 語音樂透機，試一下手氣吧！本設計可以學習亂數的軟體程式控制技巧及語音合成控制技巧。功能設計如下：

- Arduino 產生亂數值，隨機產生 1 ～ 42 數值，共 6 組，顯示在 LCD 上，並且說出結果，可以當做公益彩券的下注參考。
- 每次按下按鍵用來模擬一次亂數的產生，表示彩機的開出結果。
- 按下單鍵，可以連續隨機產生 6 組亂數。
- 隨機產生的 6 組數值，並不重複。
- 程式包含以下 4 部分：

  a. 串列介面監控。

  b. 隨機亂數產生。

  c. 亂數重複過濾器。

  d . LCD 控制部分。

圖 9-1 為語音樂透機實作拍照。

圖 9-1　語音樂透機實作

9-2 電路設計

圖 9-2 是語音樂透機實驗電路，使用如下零件：

- 文字型 LCD (16X2)：顯示樂透機數字資料。
- 按鍵：啟動樂透機。
- 壓電喇叭：聲響警示。
- MSAY 中文語音合成模組：說出語音。

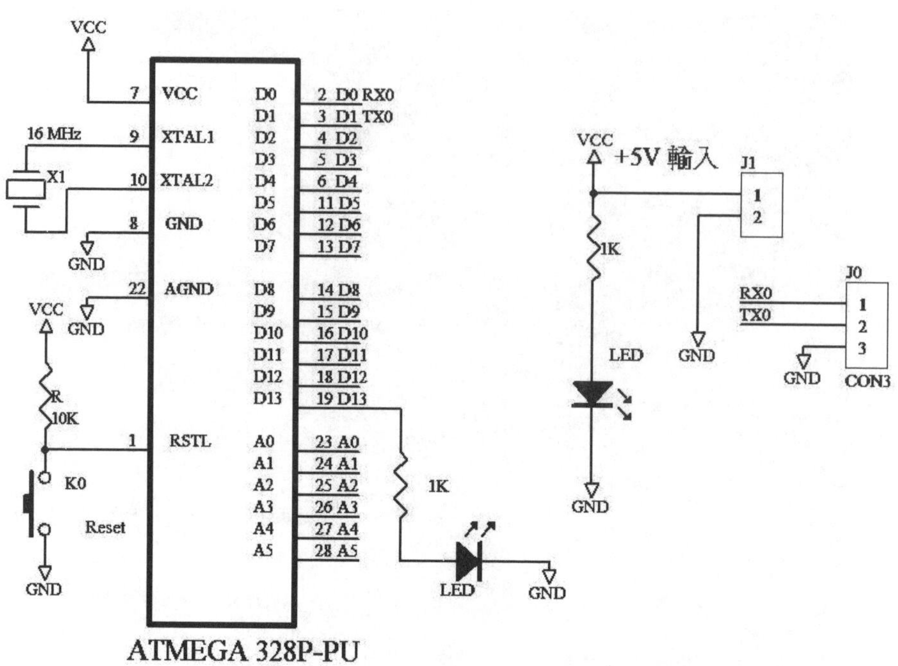

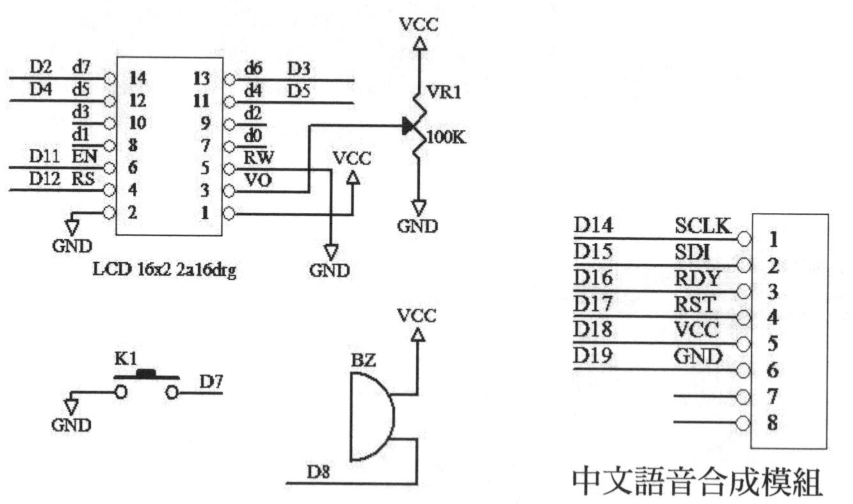

圖 9-2 語音樂透機實驗電路

9-3 由串列介面輸出亂數

Arduino 內建有亂數產生函數 random(no)，可以產生 0 到 no-1 的亂數，將它產生的亂數執行結果經由串列介面傳送回電腦端顯示出結果，便可以驗證軟體執行的正確性。random(42) 亂數輸出結果參考圖 9-3。程式執行後雖然每次亂數順序都不同，但是每次開機亂數產生順序都一樣，也不行。

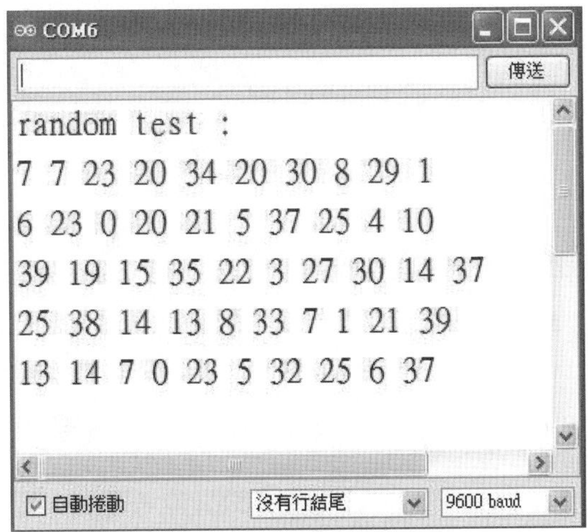

圖 9-3　亂數輸出結果 1

Arduino 內建有亂數產生器控制函數 randomSeed（參數），可以初始化亂數產生器，使亂數可以盡量不重覆出現，執行時需要輸入一參數，可以讀取空接的類比輸入腳位來做測試，類比輸入腳位讀值為 0 ～ 1023，設計如下：

```
randomSeed(analogRead(0));
```

新的亂數輸出結果參考圖 9-4。數字會重覆，沒關係，可以亂數重複過濾器來處理，便可以輸出成為樂透機的參考值。

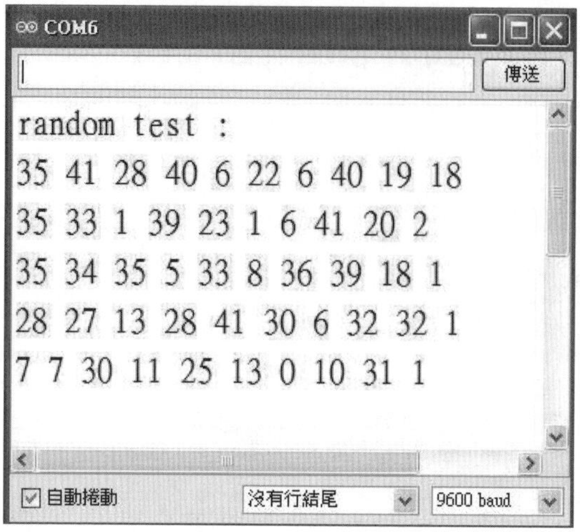

```
COM6
傳送
random test :
35 41 28 40 6 22 6 40 19 18
35 33 1 39 23 1 6 41 20 2
35 34 35 5 33 8 36 39 18 1
28 27 13 28 41 30 6 32 32 1
7 7 30 11 25 13 0 10 31 1
自動捲動  沒有行結尾  9600 baud
```

圖 9-4　亂數輸出結果 2

串列介面輸出亂數測試方法

Arduino 執行後，打開串列介面監控器，測試功能如下：

按數字 1：執行 random(no) 產生亂數，參考圖 9-3 亂數輸出結果 1。

按數字 2：執行 random(no) 修正產生亂數，參考圖 9-4 亂數輸出結果 2。

程式 ran_ur1.ino

```
int ra; // 亂數變數
char rax[6]; // 亂數陣列
void setup()// 初始化設定
{
  Serial.begin(9600);
  Serial.println("random test : ");
}
//----------------------------------------
void ran() // 亂數輸出
{
int r,i;
 for(i=0; i<10; i++)
  {
```

```
   r=random(42);
   Serial.print(r); Serial.print(' ');
  }
  Serial.println();
}
//-------------------------------------------------------------------
void rans()//加初始化亂數輸出
{
int r,i;
 randomSeed(analogRead(0));
 for(i=0; i<10; i++)
  {
   r=random(42);
   Serial.print(r); Serial.print(' ');
  }
  Serial.println();
}
//---------------------------------------------
void ran1()// 6 位數樂透參考值
{
// 0--41--> 1--42
int i;
 randomSeed(analogRead(0));
 for(i=0; i<6; i++)
  {
   ra=random(42)+1;
   Serial.print(ra); Serial.print(' ');
  }
  Serial.println();
}
//--------------------------------------------------
void loop() //主程式迴圈
{
char c;
while(1)
  {
  if (Serial.available() > 0)
    {
     c= Serial.read();
     if(c=='1')    {ran();}
     if(c=='2')    {rans(); }
     if(c=='3')    {ran1(); }
    }
  }
}
```

9-4 LCD 樂透機

確認 Arduino 亂數產生函數可以有效運作後，便可以將亂數顯示到 LCD 上，成為一台可攜式 LCD 樂透機，程式檔名為 lot.ino。程式設計主要分為以下幾部分：

- 偵測按鍵有按鍵則啟動樂透機，將亂數顯示於 LCD 上。
- LCD 亂數顯示程式控制。
- 壓電喇叭驅動。
- 隨機亂數產生。
- 亂數重複過濾器。

程式 lot.ino

```
#include <LiquidCrystal.h> //引用 LCD 程式庫
LiquidCrystal lcd(12, 11, 5, 4, 3, 2); //設定 LCD 腳位
int bz=8; //設定壓電喇叭腳位
int led = 13; //設定 LED 腳位
int k1 =7; //設定按鍵腳位
int ra; //亂數變數
int rax[6];//亂數陣列
//---------------------------------------
void setup()//初始化設定
{
  lcd.begin(16, 2);
  Serial.begin(9600);
  pinMode(led, OUTPUT);
  pinMode(bz, OUTPUT);
  digitalWrite(bz, LOW);
  pinMode(k1, INPUT);
  digitalWrite(k1, HIGH);
}
//------------------------------------
```

```
void led_bl()//LED 閃動
{
int i;
 for(i=0; i<2; i++)
  {
   digitalWrite(led, HIGH); delay(50);
   digitalWrite(led, LOW);  delay(50);
  }
}
//----------------------------
void be()// 發出嗶聲
{
int i;
 for(i=0; i<100; i++)
  {
   digitalWrite(bz, HIGH); delay(1);
   digitalWrite(bz, LOW);  delay(1);
  }
 delay(50);
}
//-----------------------------------
void ran1()// 產生一組亂數
{
// randomSeed(analogRead(0));
 ra=random(42)+1;
}
//-----------------------------------
void show(char d) // 將亂數顯示於 LCD 上
{
char c;
if(d==0)
  { c=(rax[0]/10)+0x30; lcd.setCursor(8, 0); lcd.print(c);
    c=(rax[0]%10)+0x30; lcd.setCursor(9, 0); lcd.print(c);}
if(d==1)
  { c=(rax[1]/10)+0x30; lcd.setCursor(11, 0); lcd.print(c);
    c=(rax[1]%10)+0x30; lcd.setCursor(12, 0); lcd.print(c);}
if(d==2)
  { c=(rax[2]/10)+0x30; lcd.setCursor(14, 0); lcd.print(c);
    c=(rax[2]%10)+0x30; lcd.setCursor(15, 0); lcd.print(c);}
if(d==3)
  { c=(rax[3]/10)+0x30; lcd.setCursor(8, 1); lcd.print(c);
    c=(rax[3]%10)+0x30; lcd.setCursor(9, 1); lcd.print(c);}
```

```
if(d==4)
  { c=(rax[4]/10)+0x30; lcd.setCursor(11, 1); lcd.print(c);
  c=(rax[4]%10)+0x30; lcd.setCursor(12, 1); lcd.print(c);}

if(d==5)
  { c=(rax[5]/10)+0x30; lcd.setCursor(14, 1); lcd.print(c);
    c=(rax[5]%10)+0x30; lcd.setCursor(15, 1); lcd.print(c);}
 }
// 產生亂數 2 並過濾是否重覆，說出亂數，顯示亂數
void lot2()
{
 while(1)
  { ran1(); if( ra!=rax[0] ) break; }
 rax[1]=ra;
}
// 產生亂數 3 並過濾是否重覆，說出亂數，顯示亂數
void lot3()
{
 while(1)
  { ran1(); if( ra!=rax[0] && ra!=rax[1] ) break; }
 rax[2]=ra;
}
// 產生亂數 4 並過濾是否重覆，說出亂數，顯示亂數
void lot4()
{
 while(1)
  { ran1(); if( ra!=rax[0] && ra!=rax[1] && ra!=rax[2]) break; }
 rax[3]=ra;
}
// 產生亂數 5 並過濾是否重覆，說出亂數，顯示亂數
void lot5()
{
 while(1)
  { ran1();
if( ra!=rax[0] && ra!=rax[1] && ra!=rax[2] && ra!=rax[3]) break; }
 rax[4]=ra;
}
// 產生亂數 6 並過濾是否重覆，說出亂數，顯示亂數
void lot6()
{
 while(1)
  { ran1();
```

```
if( ra!=rax[0] && ra!=rax[1] && ra!=rax[2] && ra!=rax[3]
    && ra!=rax[4] ) break; }
 rax[5]=ra;
}
//-------------------------------------------
void init_lcd()//LCD 初始顯示
{
 lcd.setCursor(0, 0);
 lcd.print("LOT      xx xx xx");
 lcd.setCursor(0, 1);
 lcd.print("         xx xx xx");
}
//------------------------------------
void loop()// 主程式迴圈
{
boolean k1f;
char c;
 randomSeed(analogRead(0));
 led_bl(); be();
 init_lcd();
 while(1)
   {
// 偵測按鍵有按鍵則啟動
   k1f=digitalRead(k1);
   if(k1f==0)
    { be();
// 產生亂數，說出亂數，顯示亂數
       ran1(); rax[0]=ra;  show(0); led_bl(); be();
       lot2(); show(1); led_bl(); be();
       lot3(); show(2); led_bl(); be();
       lot4(); show(3); led_bl(); be();
       lot5(); show(4); led_bl(); be();
       lot6(); show(5); led_bl(); be(); be();
     }
  }
}
```

9-5 語音樂透機

語音樂透機程式檔名為 alots.ino，程式設計主要分為以下幾部分：

- MSAY 説中文驅動程式。
- 偵測按鍵有按鍵則啟動樂透機，將亂數顯示於 LCD 上並說出來。
- LCD 亂數顯示程式控制。
- 壓電喇叭驅動。
- 隨機亂數產生。
- 亂數重複過濾器。

有關實作及測試方法

完整實作結果以 VNO 控制板連接，如圖 9-1 所示。本裝置無安裝 LCD，也可以執行，安裝中文語音模組 MSAY，便可以聽到語音。Arduino 執行後，按下按鍵，亂數顯示在 LCD 上，以語音說出亂數資料當做樂透投注的參考。

程式 alots.ino

```
#include <LiquidCrystal.h>// 引用 LCD 程式庫
LiquidCrystal lcd(12, 11, 5, 4, 3, 2); // 設定 LCD 腳位
int bz=8; // 設定壓電喇叭腳位
int led = 13; //LED 腳位
int k1 =7; // 設定按鍵腳位
int gnd=19; // 設定語音合成地線控制腳位
int v5=18; // 設定語音合成 5v 控制腳位
int ck=14;int sd=15; int rdy=16; int rst=17; // 設定語音合成控制腳位
int ra;// 亂數變數
int rax[6];// 亂數陣列
//--------------------------------------
void setup()// 初始化設定
```

```
{
  lcd.begin(16, 2);
  Serial.begin(9600);
  pinMode(led, OUTPUT);
  pinMode(bz, OUTPUT);
  digitalWrite(bz, LOW);
  pinMode(k1, INPUT);     digitalWrite(k1, HIGH);
  pinMode(v5, OUTPUT);  pinMode(gnd, OUTPUT);
  digitalWrite(v5, HIGH);  digitalWrite(gnd, LOW);  delay(1000);
  pinMode(ck, OUTPUT);
  pinMode(rdy, INPUT);
  digitalWrite(rdy, HIGH);
  pinMode(sd, OUTPUT);
  pinMode(rst, OUTPUT);
  digitalWrite(rst, HIGH);
  digitalWrite(ck, HIGH);
}
//-----------------------------------
void led_bl()//LED 閃動
{
int i;
 for(i=0; i<2; i++)
  {
   digitalWrite(led, HIGH); delay(50);
   digitalWrite(led, LOW);  delay(50);
  }
}
void be()// 發出嗶聲
{
int i;
 for(i=0; i<100; i++)
  {
   digitalWrite(bz, HIGH); delay(1);
   digitalWrite(bz, LOW);  delay(1);
  }
 delay(50);
}
void op(unsigned char c) // 輸出語音合成控制碼
{
unsigned char  i,tb;
 while(1)     //  if(RDY==0) break;
  if(  digitalRead(rdy)==0) break;
```

```
    digitalWrite(ck, 0);
     tb=0x80;
      for(i=0; i<8; i++)
       {
        if((c&tb)==tb) digitalWrite(sd, 1);
          else         digitalWrite(sd, 0);
        tb>>=1;
        digitalWrite(ck, 0);
        delay(10);
        digitalWrite(ck, 1);
       }
}
/*----------------------------------------------------------------------*/
void say(unsigned char *c) //說出字串內容
{
unsigned char c1;
  do{
   c1=*c;
   op(c1);
   c++;
  } while(*c!='\0');
}
/*-----------------------*/
void reset()//重置語音合成模組
{
 digitalWrite(rst,0);
 delay(50);
 digitalWrite(rst, 1);
}
//------------------------------------
void ran1()//產生一組亂數
{
ra=random(42)+1;
}
//------------------------------------
void show(char d)//將亂數顯示於 LCD 上
{
char c;
if(d==0)
  { c=(rax[0]/10)+0x30; lcd.setCursor(8, 0); lcd.print(c);
   c=(rax[0]%10)+0x30; lcd.setCursor(9, 0); lcd.print(c);}
if(d==1)
```

```
  { c=(rax[1]/10)+0x30; lcd.setCursor(11, 0); lcd.print(c);
    c=(rax[1]%10)+0x30; lcd.setCursor(12, 0); lcd.print(c);}

if(d==2)
  { c=(rax[2]/10)+0x30; lcd.setCursor(14, 0); lcd.print(c);
    c=(rax[2]%10)+0x30; lcd.setCursor(15, 0); lcd.print(c);}

if(d==3)
  { c=(rax[3]/10)+0x30; lcd.setCursor(8, 1); lcd.print(c);
    c=(rax[3]%10)+0x30; lcd.setCursor(9, 1); lcd.print(c);}

if(d==4)
  { c=(rax[4]/10)+0x30; lcd.setCursor(11, 1); lcd.print(c);
    c=(rax[4]%10)+0x30; lcd.setCursor(12, 1); lcd.print(c);}

if(d==5)
  { c=(rax[5]/10)+0x30; lcd.setCursor(14, 1); lcd.print(c);
    c=(rax[5]%10)+0x30; lcd.setCursor(15, 1); lcd.print(c);}
 }
//----------------------------------------
void say_dig(int d) )// 說出亂數值
{
int c;
 c=d/10; if(c!=0) op(c+0x30);
 c=d%10;       op(c+0x30);
}
//-------------------------------------
// 產生亂數 2 並過濾是否重覆，說出亂數，顯示亂數
void lot2()
{
 while(1)
  { ran1(); if( ra!=rax[0] ) break; }
 rax[1]=ra; say_dig(ra);
}
// 產生亂數 3 並過濾是否重覆，說出亂數，顯示亂數
void lot3()
{
 while(1)
  { ran1(); if( ra!=rax[0] && ra!=rax[1] ) break; }
 rax[2]=ra; say_dig(ra);
}
// 產生亂數 4 並過濾是否重覆，說出亂數，顯示亂數
```

```
void lot4()
{
 while(1)
  { ran1(); if( ra!=rax[0] && ra!=rax[1] && ra!=rax[2]) break; }
 rax[3]=ra; say_dig(ra);
}
// 產生亂數 5 並過濾是否重覆，說出亂數，顯示亂數
void lot5()
{
 while(1)
  { ran1(); if( ra!=rax[0] && ra!=rax[1] && ra!=rax[2] && ra!=rax[3]) break; }
 rax[4]=ra; say_dig(ra);
}
// 產生亂數 6 並過濾是否重覆，說出亂數，顯示亂數
void lot6()
{
 while(1)
  { ran1(); if( ra!=rax[0] && ra!=rax[1] && ra!=rax[2] && ra!=rax[3]
     && ra!=rax[4] ) break; }
 rax[5]=ra;  say_dig(ra);
}
//------------------------------------------------------------
void init_lcd()//LCD 初始顯示
{
 lcd.setCursor(0, 0);
 lcd.print("LOT      xx xx xx");
 lcd.setCursor(0, 1);
 lcd.print("         xx xx xx");
}
//--------------------------------------
void loop()// 主程式迴圈
{
boolean k1f;
char c;
 randomSeed(analogRead(0));
reset();
 led_bl(); be();
 init_lcd();
 reset();
 while(1)
  {
// 偵測按鍵有按鍵則啟動
```

```
   k1f=digitalRead(k1);
  if(k1f==0)
   { be();
// 產生亂數，說出亂數，顯示亂數
     ran1(); rax[0]=ra;  say_dig(ra); show(0); led_bl(); be();
     lot2(); show(1); led_bl(); be();
     lot3(); show(2); led_bl(); be();
     lot4(); show(3); led_bl(); be();
     lot5(); show(4); led_bl(); be();
     lot6(); show(5); led_bl(); be(); be();
    }
   }
}
```

MEMO

Arduino 語音量身高器

超音波感測模組常用於感測前方是否有障礙物，結合語音可以說出前方有障礙物訊息，增進產品親和力。經過感知器可以自動量取身高，並說出高度值。安裝完成後，經過門下它會幫您測量高度，對成長中的小朋友，還蠻具吸引力的。以 Arduino 說中文技術，可以快速實現您的語音超音波測距各式創意實驗。

10-1 設計動機及功能

剛接觸超音波感測模組時，回想起很久很久以前實驗室還有用傳統電晶體、電阻、電容做成的套件，現在模組化了，更方便實驗驗證功能及應用。它可以用在很多場合來測量前方多遠處有障礙物，生活應用上我們想到量身高用。對成長中的小朋友，特別是小學到國中，長高過程是可以看得見的，還蠻具吸引力的實驗專題。

為了方便實驗，先設計一簡單機構模型來做近距離偵測，再來進行相關實驗。機構模型就放在電腦旁邊方便與硬體相連接，量測距離值有可以直接顯示在電腦端做開發除錯，將距離以語音說出來或是顯示在 LCD 上。當測試成功後，再安裝在房間入口處，做實際量測實驗，此時不必安裝 LCD，直接告知身高，更方便實驗驗證結果。本裝置實驗各階段安排如下：

STEP 1 先設計一簡單機構模型來做近距離偵測實驗。

STEP 2 用模型來模擬實際量身高的狀態。

STEP 3 測試正常後，移到房間入口處自動以語音引導量測身高。

裝置功能設計如下：

- 可以學習超音波感測模組測距功能及語音合成控制技巧。
- 測試超音波感測模組各種可能應用。
- 應用超音波感測模組測量升高，顯示於 LCD 上。
- 身高值以語音直接説出來。
- 可以自動啟動量測或是手動啟動量測程序。

圖 10-1 為 Arduino 語音量身高成品安裝拍照。裝置安裝在房間入口處，自動以語音引導量測身高，超音波模組距地面高度約 200 公分。當有人走進有效距離偵測區時會以語音引導，開始量測，並以語音説出身高值。圖 10-2 為語音量身高裝置開發時，安裝 LCD 來顯示偵測距離，實際使用時不必安裝 LCD。

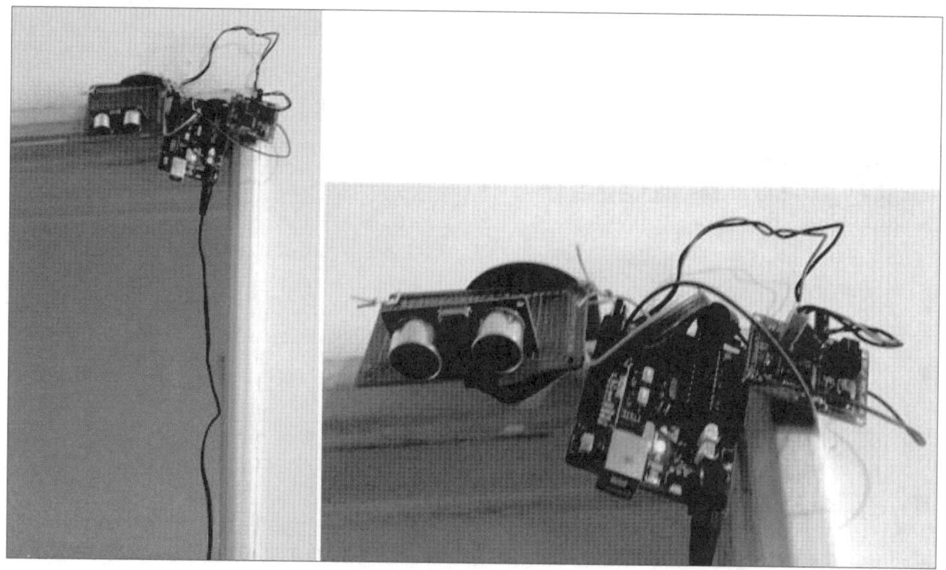

圖 10-1　Arduino 語音量身高成品安裝使用拍照

圖 10-2　Arduino 語音量身高實作拍照

10-2 電路設計

圖 10-3 是語音量身高器電路，使用如下零件：

- 超音波感測模組：偵測前方障礙物距離。
- 文字型 LCD（16X2）：顯示測試距離值，實際使用不需要。
- 按鍵：啟動開始量身高值。
- 壓電喇叭：聲響警示。
- MSAY 中文語音合成模組：説出身高值。

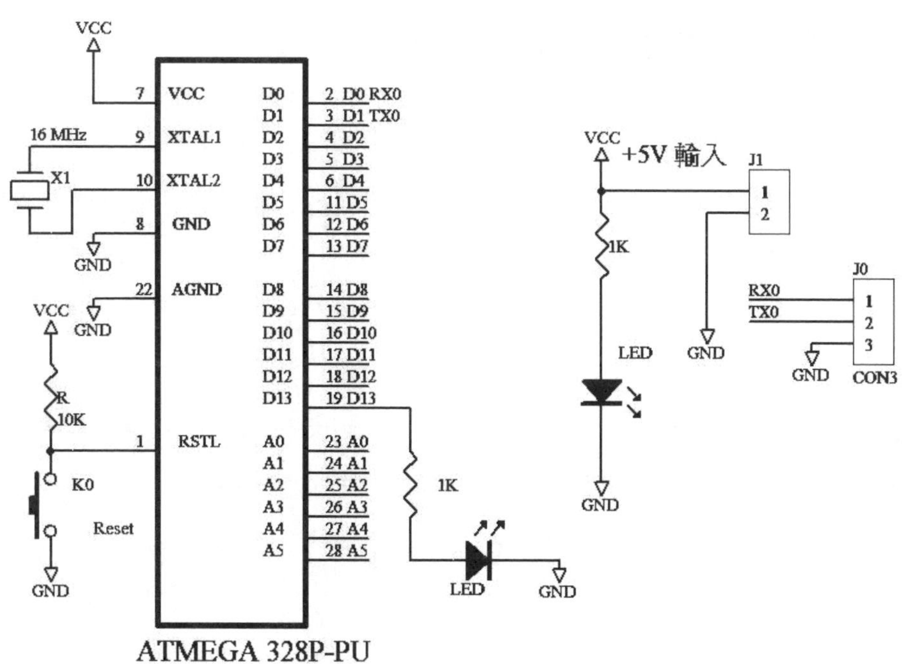

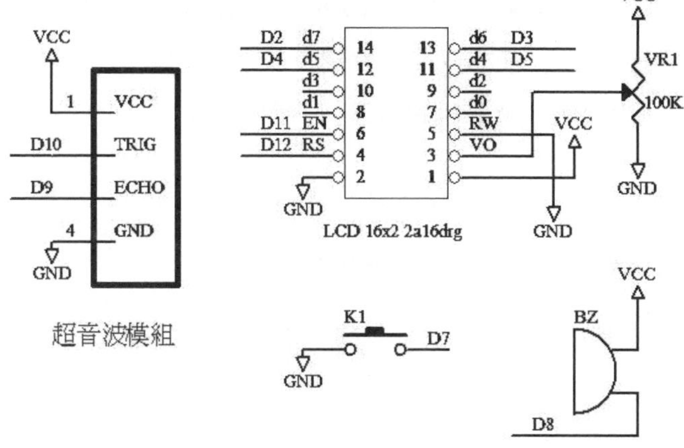

圖 10-3 語音量升高器實驗電路

10-3 互動語音內容設計

利用超音波感測模組可以偵測前方障礙物距離原理，應用於量身高值，説出身高值，設計重點在於語音內容設計，包括提示語，引導量身高及説出身高值。LCD 模組顯示距離當做實驗參考，當實驗完成後，LCD 模組可以不必安裝。以 3 句語音引導使用者，自動量身高，説出您的身高值，達到語音互動應用的目的。完整的互動語音設計如下：

- 語音：「量身高嗎」，當超音波感測模組偵測到下方障礙物距離過小，表示偵測到可能有人通過，説出語音，可以設定一臨界值來做實驗。
- 語音：「請站定位」，當超音波感測模組偵測到下方有人時，説出語音，告知使用者，系統準備開始量測。
- 語音：「您的身高是 170 公分」，説出語音的範例。

有了以上 3 組語音內容，便可以實現自動量身高功能，説出您的身高值。當有人走進距離偵測區時，若是有效距離時，語音合成會以語音引導，並開始量測，以語音説出身高值。相關程式設計變數設定如下：

- cm：前方距離。
- td：模型或實體總高度，模型設為 40 公分，實際值設為 200 公分。
- dth：有效距離臨界值，模型中設為 20 公分，實際值設為 100 公分。
- hi：身高值，hi=td-cm。

量測身高程式請參考下節説明。

10-4 程式設計

本專題程式以語音合成模組説出升高值，程式檔名 ahi.ino，程式設計主要分為以下幾部分：

- 超音波感測模組偵測下方障礙物距離。
- 自動量身高程序。
- 升高值顯示於 LCD 上。
- 手動按鍵啟動開始量升高值。
- 中文語音合成模組説出升高值。

《Arduino 實作入門與專題應用》一書中已經介紹超音波模組測距原理，程式設計如下：

```
cm=(float)tco()*0.017;// 計算前方距離公式
```

其中

- cm 為測距公分。
- tco() 為超音波模組回覆脈衝時間寬度量測程式。

因此量測身高程式可以設計如下：

```
cm=(float)tco()*0.017;// 計算前方距離
d=(int)cm; // 浮點數轉換為整數
if(d< dth) // 偵測到有效距離時，語音合成説出身高
 { be(); hi=td-d; say_cm(hi);  }
```

在實驗過程中，不需要安裝 LCD，因為有語音功能便可以說出偵測距離結果，語音功能真是太方便了，程式除錯過程也可以說出變數執行結果。

程式 ahi.ino

```
#include <LiquidCrystal.h>// 引用 LCD 程式庫
LiquidCrystal lcd(12, 11, 5, 4, 3, 2); // 設定 LCD 腳位
int trig = 10;  // 設定觸發腳位
int echo = 9; // 設定返回信號腳位
int led = 13;//LED 腳位
int k1 =7; // 設定按鍵腳位
int bz=8; // 設定壓電喇叭腳位
float cm;// 前方距離變數

int gnd=19; // 設定語音合成地線控制腳位
int v5=18; // 設定語音合成 5v 控制腳位
int ck=14;int sd=15; int rdy=16; int rst=17; // 設定語音合成控制腳位
void setup()// 初始化設定
{
  Serial.begin(9600);
  Serial.print("sonar test:");
  lcd.begin(16, 2);
  lcd.print("AR SO measure");
  pinMode(trig, OUTPUT);
  pinMode(echo, INPUT);
  pinMode(led, OUTPUT);
  pinMode(bz, OUTPUT);
  pinMode(k1, INPUT);
  digitalWrite(k1, HIGH);
  pinMode(v5, OUTPUT);   pinMode(gnd, OUTPUT);
  digitalWrite(v5, HIGH);  digitalWrite(gnd, LOW);  delay(1000);
  pinMode(ck, OUTPUT);
  pinMode(rdy, INPUT);
  digitalWrite(rdy, HIGH);
  pinMode(sd, OUTPUT);
  pinMode(rst, OUTPUT);
  digitalWrite(rst, HIGH);
  digitalWrite(ck, HIGH);
}
//------------------------------------
void led_bl()//LED 閃動
```

```
{
int i;
 for(i=0; i<2; i++)
  {
   digitalWrite(led, HIGH); delay(50);
   digitalWrite(led, LOW); delay(50);
  }
}
//-----------------------------
void be()// 發出嗶聲
{
int i;
 for(i=0; i<100; i++)
  {
   digitalWrite(bz, HIGH); delay(1);
   digitalWrite(bz, LOW); delay(1);
  }
 delay(10);
}
//------------------------------------------------------------
unsigned long tco() // 高電位脈衝時間寬度量測
{
  // 發出觸發信號
  digitalWrite(trig, HIGH); // 設定高電位
  delayMicroseconds(10);  // 延遲 10 us
  digitalWrite(trig, LOW); // 設定低電位
  return pulseIn(echo, HIGH); // 傳回量測結果
}
//---------------------------------------------------------
void op(unsigned char c) // 輸出語音合成控制碼
{
unsigned char  i,tb;
 while(1)    //  if(RDY==0) break;
  if(  digitalRead(rdy)==0) break;
   digitalWrite(ck, 0);
    tb=0x80;
     for(i=0; i<8; i++)
      {
       if((c&tb)==tb) digitalWrite(sd, 1);
         else         digitalWrite(sd, 0);
       tb>>=1;
       digitalWrite(ck, 0);
```

```
        delay(10);
        digitalWrite(ck, 1);
      }
}
/*--------------------------------------------------------------------*/
void say(unsigned char *c) //將字串內容輸出到語音合成模組
{
unsigned char c1;
  do{
   c1=*c;
   op(c1);
   c++;
  } while(*c!='\0');
}
/*-----------------------*/
void reset()//重置語音合成模組
{
 digitalWrite(rst,0);
 delay(50);
 digitalWrite(rst, 1);
}
//-----------------------------------
//量身高嗎
byte m1[]={0xB6, 0x71, 0xA8, 0xAD, 0xB0, 0xAA, 0xB6, 0xDC, 0};
//請站定位
byte m2[]={0xBD, 0xD0, 0xAF, 0xB8, 0xA9, 0x77, 0xA6, 0xEC, 0};
//身高
byte mhi[]={0xA8, 0xAD, 0xB0, 0xAA, 0};
//公分
byte mcm[]={0xA4, 0xBD, 0xA4, 0xC0, 0};
void say_cm(int d) //說出身高值
{
int c;
 say(mhi);
 c=d/10; if(c!=0) op(c+0x30);
 c=d%10;          op(c+0x30);
 say(mcm);
}
//---------------------------------------------------
void loop()//主程式迴圈
{
int d;
```

```
int hi,td=40, dth=20;     // 模擬：距離 <20 公分開始量測
//int hi, td=200, dth=100;// 實際：距離 <100 公分開始量測
  reset(); led_bl();  be();
while(1)
 {
  cm=(float)tco()*0.017;// 計算前方量測距離
  Serial.print(cm);  // 串口顯示距離資料
  Serial.println(" cm");
//LCD 顯示距離資料
  lcd.setCursor(0, 1);
  lcd.print("                ");
  lcd.setCursor(0, 1);
  lcd.print(cm,1);
  lcd.print(" c m");
  d=(int)cm; // 浮點資料轉為整數
// 偵測按鍵有按鍵則啟動量測語音輸出
  if( digitalRead(k1)==0)
    {
     digitalWrite(led, 1);
     delay(1000);
     cm=(float)tco()*0.017;// 計算前方距離
     d=(int)cm;
     hi=td-d; say_cm(hi); // 說出身高值
     delay(5000);
     digitalWrite(led, 0);
    }

  delay(500);
  if(d< dth) // 偵測距離小於臨界值 (20 或 100 公分 ) 開始量測
   {
     digitalWrite(led, 1);
     say(m1); delay(1000);
     say(m2); delay(2100);
     cm=(float)tco()*0.017;// 計算前方距離
     d=(int)cm;
     if(d< dth) // 是有效身高值才輸出語音
      { be(); hi=td-d; say_cm(hi); led_bl();delay(800);  }
      else{ be(); be(); }// 無效量測
      digitalWrite(led, 0);
   }
  }
}
```

MEMO

Arduino 互動調光器

11-1 設計動機及功能

11-2 電路設計

11-3 互動語音內容設計

11-4 程式設計

11-5 繼電器電燈迴路製作

自動照明在家中、工廠、教室、公共場所都是很重要的裝置。希望燈光照明的亮度可遙控調整；希望人到定位可以自動亮燈，離開時自動關燈；在黑暗中希望能聲控點燈；聲控調整照明亮度。本章以 Arduino 設計一台互動調光器，可以輕易實現這些創意實驗。

11-1 設計動機及功能

我經常在實驗桌前寫程式、焊接電路板、記錄實驗結果，都需要良好桌燈照明，只要一坐定位，往往持續二三小時以上做相同一件事情，中間有時會來來往往零件間取零件，喝水、看看植栽成長如何，然後又回到實驗桌打開桌燈，繼續相同工作。桌燈開開關關一天數十回以上，現在又在做 Arduino 實驗教材，感知器樣品模組一堆，於是互動調光器開關，是我很想做的，為求穩定簡化，我不用人體感應模組，而使用接近感應器，偵測到有物體靠近則將繼電器開啟，控制繼電器來開啟檯燈照明。

調光式聲控照明，也是我很想實驗的教材，於是自動亮燈開關加上聲控檯燈，成為主要需求，功能設計如下：

- 燈光照明實驗的亮度可遙控調整。
- 可以控制多只白光 LED 燈做亮度控制。
- 紅外線接收模組接收遙控器信號。
- 當按下遙控器按鍵後，會做出如下設定：
    - 按鍵 1：點亮一個 LED 燈。
    - 按鍵 2：點亮兩個 LED 燈。
    - 按鍵 3：點亮三個 LED 燈。

- 按鍵 4：點亮四個 LED 燈。
- 按鍵 5：關閉所有 LED 燈。
- 按鍵 6：繼電器開啟。
- 按鍵 9：繼電器關閉。
- 按鍵 7：測試彩燈顯示模式。

■ 可擴充聲控命令在黑暗中聲控點燈。

■ 控制一組繼電器可輸出控制一般台燈。

圖 11-1 為 Arduino 互動調光器實作拍照。白光 LED 燈模組，使用串列控制彩燈 LED 燈串來做實驗。使用串列信號控制 LED 燈串，只需一支控制腳位，送出驅動信號，控制信號可以串接擴充。本實作若要由繼電器控制交流電源裝置，如檯燈照明，請特別注意繼電器輸出配電等安全問題，參考 11-5 節製作說明。

圖 11-1 互動調光器實作

11-2 電路設計

圖 11-2 是互動調光器實驗電路，使用如下零件：

- LED 燈：使用 WS2812，晶片 8 只串列控制彩燈 LED 燈串。
- 壓電喇叭：聲響警示。
- 紅外線遙控器接收模組：接收遙控器按鍵信號。
- 繼電器模組：可輸出控制一般檯燈。
- 接近感應器：偵測有物體靠近。

結合 LED 做亮燈控制應用，聲控後驅動 4 組 LED 亮燈，避免占用過多硬體資源，使用串列控制 LED 燈串，控制信號可以串接下去，只需一支控制腳位送出驅動信號，可以依需要擴充更多的 LED 應用場合。圖 11-3 為串列控制 LED 燈串 8 顆包裝，模組中使用 WS2812 晶片來做信號控制並下傳信號，4 支腳位如下：

- VDC：LED 5V 電源接腳。
- GND；地端。
- DIN：控制信號輸入。
- DOUT：控制信號輸出。

本專題實作有加入繼電器控制交流電源裝置的功能，如檯燈照明，繼電器控制使用繼電器模組，方便實驗整合，在電路設計上標示為 RY，由 D9 信號來做控制。繼電器模組一般驅動可以分為高電位或低電位驅動，本實驗使用低電位動作，當 D9 送出低電位使繼電器導通，可以聽見動作聲響起。

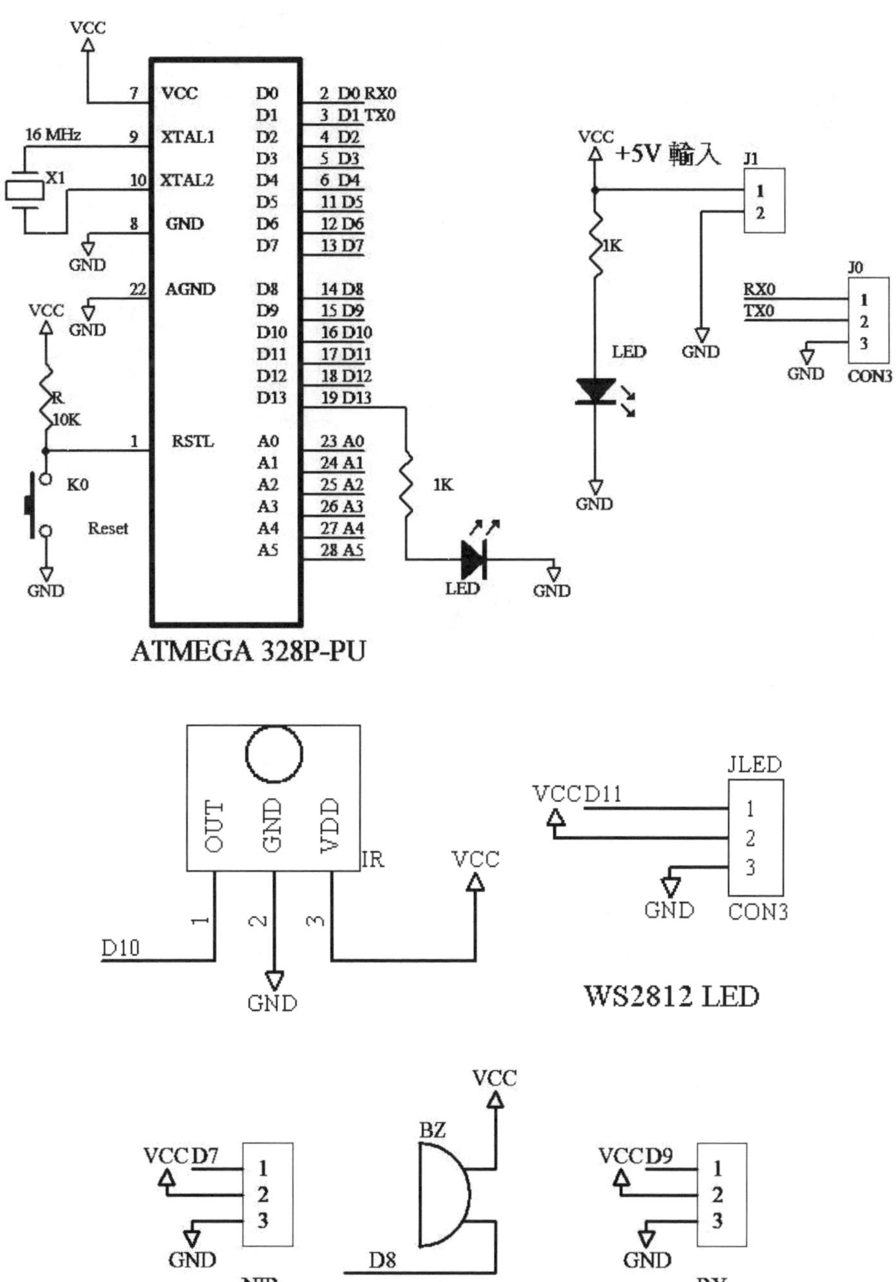

圖 11-2　互動調光器實驗電路

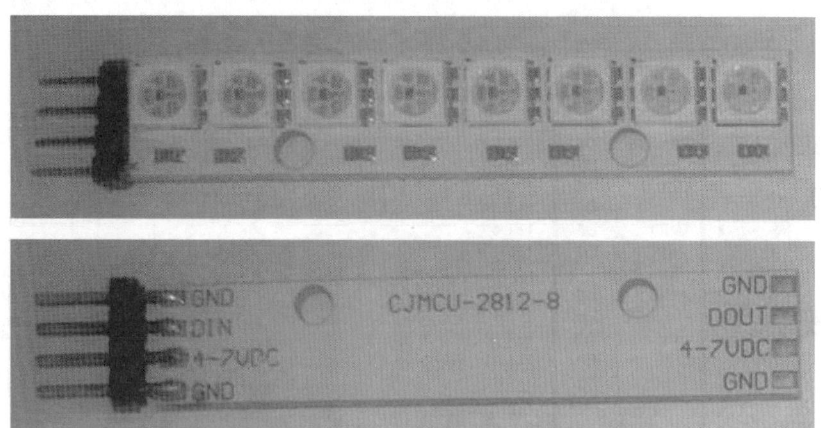

圖 11-3　串列控制 LED 燈串

11-3 互動語音內容設計

本調光器實作未加入語音回應功能，只以燈光照明的亮度來回應使用者要求，使用者可以用遙控器調整燈光亮度，或是用聲控啟動燈光亮度調整。互動功能可以設計如下：

- 主控端發出語音命令：「燈光」。
- 受控端執行語音命令：LED 燈點亮四個 LED 燈。

此時 VI 聲控模組聽到有人說出「燈光」關鍵字，則會發射信號出去，當 Arduino 收到信號解碼後，設定 LED 燈亮燈。完整的語音命令控制，可以設計如下：

- 語音命令：「亮」，LED 燈點亮一個 LED 燈。
- 語音命令：「亮亮」，LED 燈點亮兩個 LED 燈。

- 語音命令：「亮亮亮」，LED 燈點亮三個 LED 燈。
- 語音命令：「燈光」，LED 燈點亮四個 LED 燈，繼電器開啟。
- 語音命令：「熄滅」，LED 燈關燈，繼電器關閉。

11-4 程式設計

調光器程式檔名 aLT.ino，程式設計主要分為以下幾部分：

- 4 只白光 LED 燈控制。
- 紅外線接收模組接收遙控器信號。
- 解碼遙控器信號控制白光 LED 亮燈數。
- 紅外線接收模組接收聲控發射之信號。
- 掃描接近感應器偵測有物體靠近則自動開啟繼電器。

由於聲控發射之紅外線信號格式與遙控器信號相同，因此聲控發射之紅外線信號解碼可以省略，也就是聲控與遙控器發射之信號共用調光器的解碼程式。主程式迴圈設計如下：

```
while(1) //無窮迴圈
  {
loop:
//掃描是否有人接近感應器？
   if(digitalRead(nir)==0){ ry_on();  delay(500); }  else  ry_off();
//迴圈掃描是否有遙控器按鍵信號？
   no_ir=1; ir_ins(cir); if(no_ir==1) goto loop;
// 發現遙控器信號 .，進行轉換
   led_bl(); rev();
//串列介面顯示解碼結果
   for(i=0; i<4; i++)
```

```
    {c=(int)com[i]; Serial.print(c); Serial.print(' '); }
    Serial.println();
    delay(300);
// 遙控器解碼數字 1 ~ 5  控制 LED 亮滅
    if(com[2]==12) c1();
    if(com[2]==24) c2();
    if(com[2]==94) c();
    if(com[2]==8 ) c4();
    if(com[2]==28) off();
// 數字 6，繼電器導通
    if(com[2]==90){ ry_on();  be();  be();}
// 數字 9，繼電器關閉
    if(com[2]==74){ ry_off(); be();  }
// 數字 7，測試彩燈
    if(com[2]==66) { test_led(); be();  }
   }
}
```

程式 aLT.ino

```
#include <rc95a.h> // 引用紅外線遙控器解碼程式庫
int cir              // 設定紅外線遙控器解碼腳位
int led = 13 ;        // 設定 LED 腳位
#include <WS2812.h>// 引用彩燈 LED 程式庫
#define no 8          // 彩燈 LED 總數
WS2812 LED(no);    // 宣告函數
cRGB value;          // 顏色變數宣告
int aled=11; // 設定彩燈 LED 腳位
int nir=7; // 設定按鍵或感知器腳位
int bz=8; // 設定壓電喇叭控制腳位
int ry=9; // 設定繼電器控制腳位
void setup() // 初始化設定
{
  pinMode(led, OUTPUT);
  pinMode(cir, INPUT);
  Serial.begin(9600);
  pinMode(bz, OUTPUT);
  digitalWrite(bz, LOW);
  pinMode(nir, INPUT);
  digitalWrite(nir, HIGH);
  pinMode(ry, OUTPUT);
```

```
  digitalWrite(ry, HIGH);
  LED.setOutput(aled);
  set_all_off();
  test_led();
}
//------------------------
void led_bl()//LED 閃動
{
int i;
 for(i=0; i<2; i++)
  {
   digitalWrite(led, HIGH); delay(150);
   digitalWrite(led, LOW); delay(150);
  }
}
//--------------------------------
void be()// 發出嗶聲
{
int   i;
 for(i=0; i<100; i++)
 {
   digitalWrite(bz, HIGH); delay(1);
   digitalWrite(bz, LOW);  delay(1);
 }
 delay(100);
}
//----------------------------------
void test_led()// 測試 LED 燈
{
 ledx(0);delay(500); set_all_off();
 ledx(1);delay(500); set_all_off();
 ledx(2);delay(500); set_all_off();
}
//---------------------------------------
void set_all_off()//LED 全滅
{
int i;
 for(i=0; i<no; i++)
  {
   value.r=0;  value.g=0; value.b=0;
   LED.set_crgb_at(i, value);
   LED.sync(); delay(1);
```

```
  }
}
//--------------------------------
void set_color_red()// 設定亮紅光
{
   value.r=255;  value.g=0; value.b=0;
}
//----------------------
void set_color_yel()// 設定亮黃光
{
   value.r=255;  value.g=255; value.b=0;
}
//----------------------
void set_color_green() // 設定亮綠光
{
   value.r=0;  value.g=255; value.b=0;
}
//------------------------
void set_color_white()// 設定亮白光
{
 value.r=255;   value.g=255;   value.b=255;
}
//----------------------------
void ledx(char d) // 開啟某一只白光 LED 燈
{
 set_color_white();
 LED.set_crgb_at(d, value);
 LED.sync();
}
//----------------------------
void c1()// 開啟 1 只白光 LED 燈
{
set_all_off();
set_color_white();
LED.set_crgb_at(1, value);
LED.sync();
}
//--------------------------------
void c2()// 開啟 2 只白光 LED 燈
{
set_all_off();
set_color_white();
```

```
LED.set_crgb_at(1, value);
LED.set_crgb_at(2, value);
LED.sync();
}
//----------------------------
void c3()// 開啟 3 只白光 LED 燈
{
 set_all_off();
 set_color_white();
 LED.set_crgb_at(1, value);
 LED.set_crgb_at(2, value);
 LED.set_crgb_at(3, value);
 LED.sync();
}
//-------------------------------
void c4()// 開啟 4 只白光 LED 燈
{
set_all_off();
set_color_white();
 LED.set_crgb_at(1, value);
 LED.set_crgb_at(2, value);
 LED.set_crgb_at(3, value);
 LED.set_crgb_at(4, value);
 LED.sync();
}
//-------------------------------
void off()// 關閉 4 只白光 LED 燈
{
set_all_off();
}
//-------------------------
void ry_off()// 繼電器關閉
{
 digitalWrite(ry, HIGH);
}
//-------------------------
void ry_on()// 繼電器開啟
{
 digitalWrite(ry, LOW);
}
//-------------------------
void rc_led()// 紅外線遙控器解碼
```

```
{
int c, i;
 be(); be();
while(1)// 無窮迴圈
{
loop:
// 掃描是否有人接近感應器？
   if(digitalRead(nir)==0){ ry_on();  delay(500); }
     else  ry_off();
// 掃描是否有遙控器按鍵信號？
   no_ir=1; ir_ins(cir); if(no_ir==1) goto loop;
//  發現遙控器信號 .，進行轉換
   led_bl(); rev();
// 串列介面顯示解碼結果
   for(i=0; i<4; i++)
   {c=(int)com[i]; Serial.print(c); Serial.print(' '); }
   Serial.println();
   delay(300);
// 遙控器解碼數字 1 ～ 5  控制 LED 亮滅
   if(com[2]==12) c1();
   if(com[2]==24) c2();
   if(com[2]==94) c3();
   if(com[2]==8 ) c4();
   if(com[2]==28) off();
// 數字 6，繼電器導通
   if(com[2]==90){ ry_on();  be();  be();}
// 數字 9，繼電器關閉
   if(com[2]==74){ ry_off(); be();  }
// 數字 7，測試彩燈
   if(com[2]==66)  test_led();
    }
}
//----------------------------------------
void loop()// 主程式迴圈
{
led_bl();
 Serial.println("ir code : "); rc_led();
}
```

11-5 繼電器電燈迴路製作

繼電器是常用的輸出控制介面，可以做交直流電源或是信號的輸出切換，圖 11-4 為繼電器照相，一般通過線圈的工作電壓可以分為 5V 或是 12V 不分極性。當線圈兩端通過電壓時，產生磁場將內部接點接通，於是迴路導通。

圖 11-4　一般繼電器照相

在實驗上方便應用及組裝會採用繼電器模組來施工，圖 11-5 為繼電器模組實體圖，上方有控制電路來控制繼電器開關，輸入端有 3 支腳位：

- VCC：5v 電源接腳。
- GND：地端。
- IN：數位輸入，輸入小信號 5V（高電位）或 0V（低電位）來驅動繼電器動作，進而控制輸出端迴路開關。

輸出端迴路有 3 支腳位：

- COM：Common，共通點。輸出控制接點的共同接點。
- NC：Normal Close 常閉點。以 COM 為共同點，NC 與 COM 在平時是呈導通的狀態。
- NO：Normal Open 常開點。NO 與 COM 在平時是呈開路的狀態，當繼電器動作時，NO 與 COM 導通，NC 與 COM 則呈開路（不導通）狀態。

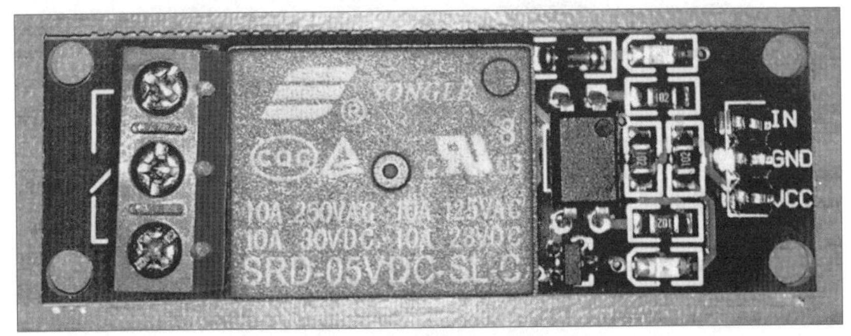

圖 11-5　繼電器模組

輸出端迴路應用可能是直流電或是交流大電流迴路，因此需要特別小心處理。繼電器一般的使用是串接在電氣迴路中，當作可程式控制的電源開關切換用，由繼電器 ON/OFF 的動作，可以用來控制家電（AC 110V）開啟或關閉。在圖中若串接電燈迴路，當繼電器 ON 時，使電燈電源迴路接通，電燈則會亮起。

如何串接在電氣迴路中，參考圖 11-6 交流 110V 電源裝置輸出配線，需要準備以下材料：

- 電源插頭含電線。
- AC110V 插座母座。
- 安全膠帶。

在焊接完成後，以安全膠帶包裝焊點避免觸電。將迴路的一端剪開並剝線，連到繼電器 COM 及 NO 端，不必注意極性，連接到圖 11-6 繼電器模組輸出端的上中兩端，使原先斷路，一旦繼電器啟動，迴路接通則連接的電器電源會開啟。完整使用電燈實驗連接如下：

- 配線連到繼電器模組 COM 及 NO 端。
- 連接控制板與繼電器模組。
- 將電燈插頭插入插座母座。
- 將電線插頭插入交流 110V 插座。

最後再檢查一次配線，可以開始做實驗了。本實作由繼電器控制交流電源裝置，如檯燈照明，請特別注意繼電器輸出配電等安全問題，需要有經驗的朋友幫忙實驗製作，以免因配線錯誤，造成觸電短路危險。

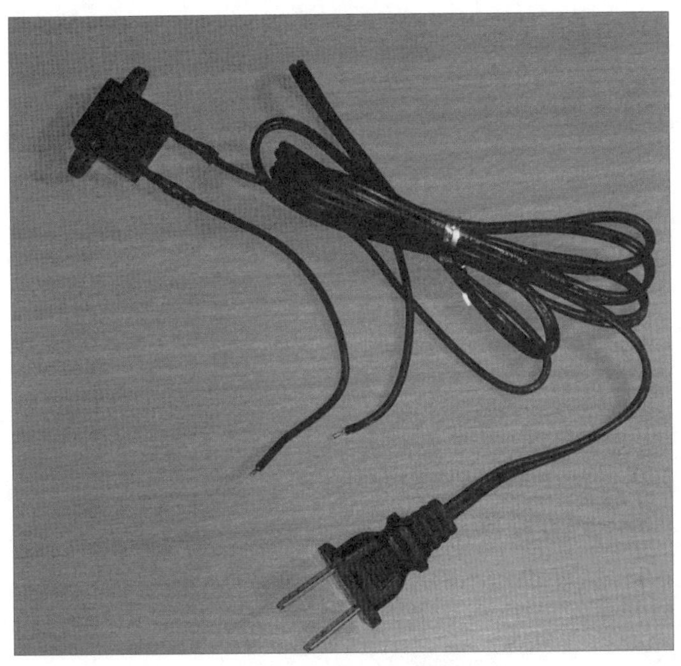

圖 11-6　交流 110V 電源裝置輸出配線

若實驗成功，您也可以將檯燈改為低耗電電源的裝置，可以完成 Arduino 小家電控制實驗，完整應用列舉如下：

- 檯燈照明。
- 電風扇。
- 收音機。
- 植栽抽水小水泵。
- 景觀流水小水泵。
- 聖誕燈飾。
- 小夜燈。

Arduino 智慧盆栽

智慧盆栽會自動測試水位高度、土壤溼度而自動加水，當盆栽缺水時，會說出「我很渴請加水」，會執行語音防盜警示功能。當有人靠近您家門口會說出「與主人有約嗎」，對於陌生人會嚇一跳。想怎麼設計自己的智慧盆栽，Arduino 說中文技術可以快速實現您的各式創意實驗。

12-1 設計動機及功能

居家生活中，對各種植物盆栽的栽種，是許多人的休閒活動及興趣，以 Arduino 設計的智慧盆栽，會自動測試是否缺水而自動加水及其他語音創意應用，更可以增加實作或實驗的樂趣，當盆栽缺水時，會說出「我很渴請加水」，並開啟水泵自動加水。其中對土壤濕度的掌控，是影響植物能否茂盛成長的關鍵因素。對於專業大型溫室環境參數的掌控，土壤濕度更是重要的監控參數。本節土壤濕度的偵測實驗，可以應用於植物盆栽的自動加水控制應用中，加上水泵自動供水澆灌等應用。智慧盆栽功能設計如下：

- 以遙控器及中文語音合成模組為 Arduino 增加說話功能。
- 可以測試水位高度而自對加水。
- 可以測試土壤溼度而自對加水。
- 智慧盆栽缺水時啟動水泵自動給水。
- 可擴充水泵噴泉各式應用。
- 盆栽會說話各式應用擴充。

■ 警告模式下，當有人靠近您家門口說出語音警示功能。

■ 一般模式下，當有人靠近您家門口說出語音歡迎功能。

■ 可由電腦按鍵與 Arduino 說中文直接進行互動功能測試。

■ 以 Arduino 晶片讀取土壤溼度感知器輸出類比信號，數值範圍 0 ～ 1023。

■ 以超音波模組偵測前方物體靠近。

■ Arduino 可以中文說出土壤溼度值及前方物體靠近距離。

■ 按下遙控器數字鍵 1 ～ 5，做以下功能設定：

- 數字鍵 1：測試土壤溼度值及前方物體距離，並說出數值。
- 數字鍵 2：執行土壤溼度值及前方物體自動監控系統。
- 數字鍵 3：切換設定一般模式及警告模式。
- 數字鍵 4：切換設定自動啟動給水系統。
- 數字鍵 5：遙控啟動水泵自動給水。

圖 12-1 是智慧盆栽實作拍照，圖 12-2 是實驗用的水泵，此水泵直接放入水中，經由導管將水抽上來，可以 5V 電源供電。智慧盆栽缺水時啟動繼電器通電後，水泵自動給水。設計製作完成後，想怎麼應用自己的智慧盆栽？我將它放在電梯上來大門入口處，圖 12-3 是智慧盆栽使用示意圖，將超音波模組放在盆栽中間，旁邊以植物屏蔽住，不仔細看還看不出來。放大來看如圖 12-4 所示，正是超音波模組本尊，用來監控是否有人靠近你家大門，便會發出語音警示。

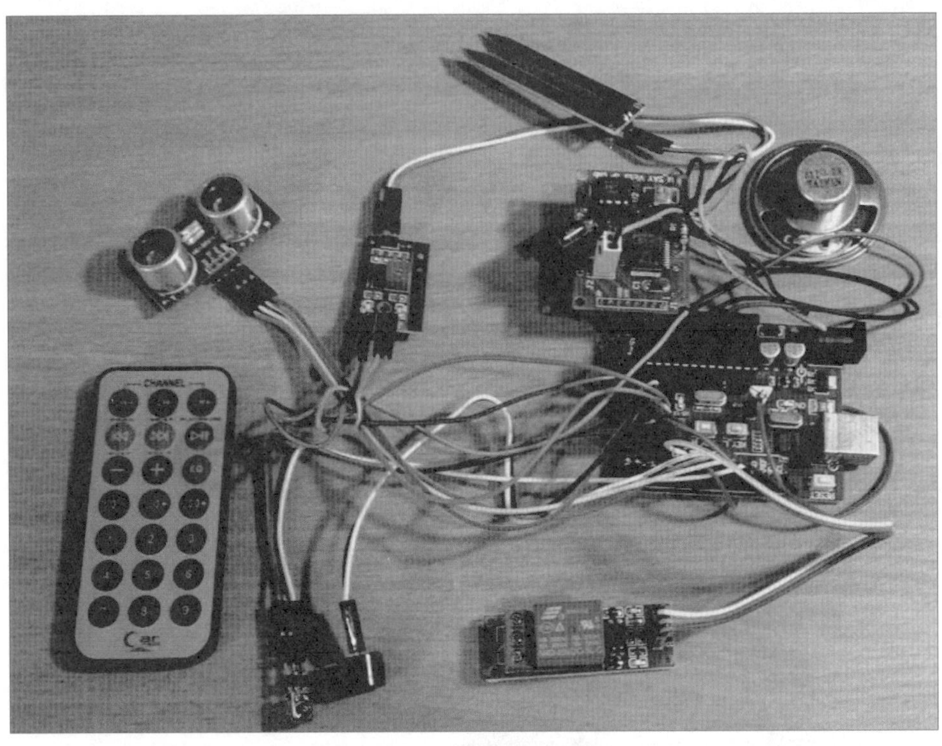

圖 12-1　智慧盆栽實作圖

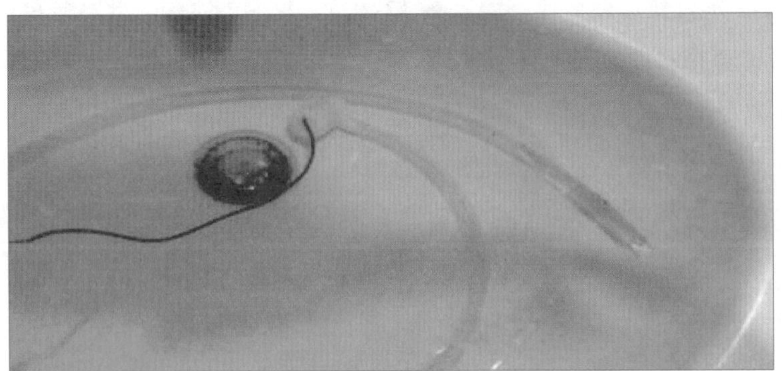

圖 12-2　實驗用的水泵

圖 12-3　智慧盆栽使用示意圖

圖 12-4　智慧盆栽可偵測物體靠近

12-2 電路設計

圖 12-5 是智慧盆栽實驗電路，不包含 Arduino 基本動作電路。使用如下零件：

- 按鍵：測試功能。
- LED：閃動指示燈。
- 壓電喇叭：聲響警示。
- 紅外線遙控器接收模組：接收遙控器按鍵信號。
- MSAY 中文語音合成模組：說出 7 段語音。
- 土壤溼度感知器：偵測土壤溼度。
- 繼電器：啟動水泵加水。
- 水泵：抽水出來加到盆栽中。
- 超音波模組：偵測前方物體靠近。

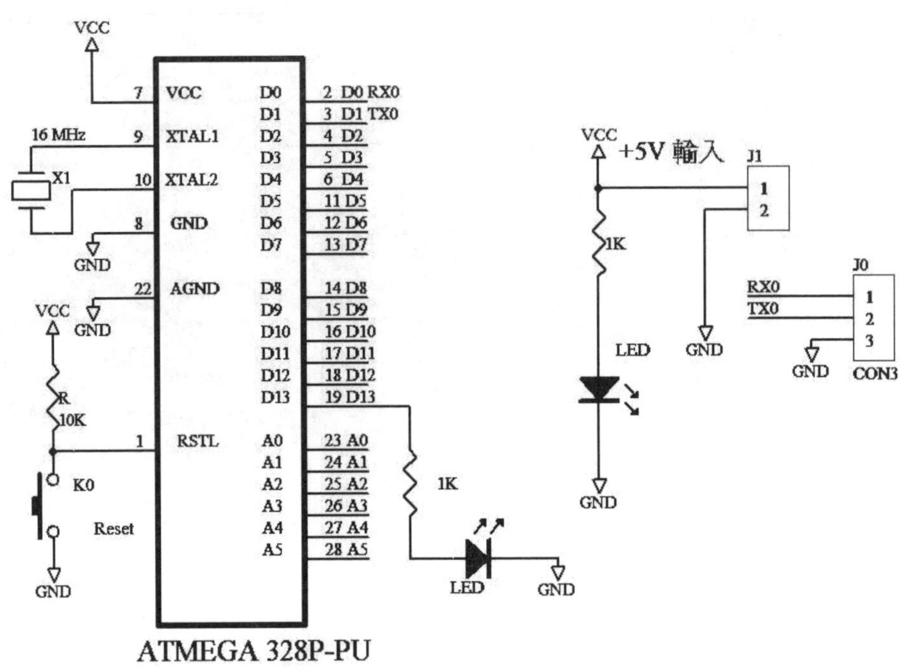
VCC
7 VCC
9 XTAL1
10 XTAL2
8 GND
22 AGND
1 RSTL
16 MHz
X1
GND
R
10K
K0
Reset
D0 2 D0 RX0
D1 3 D1 TX0
D2 4 D2
D3 5 D3
D4 6 D4
D5 11 D5
D6 12 D6
D7 13 D7
D8 14 D8
D9 15 D9
D10 16 D10
D11 17 D11
D12 18 D12
D13 19 D13
A0 23 A0
A1 24 A1
A2 25 A2
A3 26 A3
A4 27 A4
A5 28 A5
1K
LED
ATMEGA 328P-PU
VCC +5V 輸入
J1
1
2
1K
LED
J0
RX0
TX0
CON3

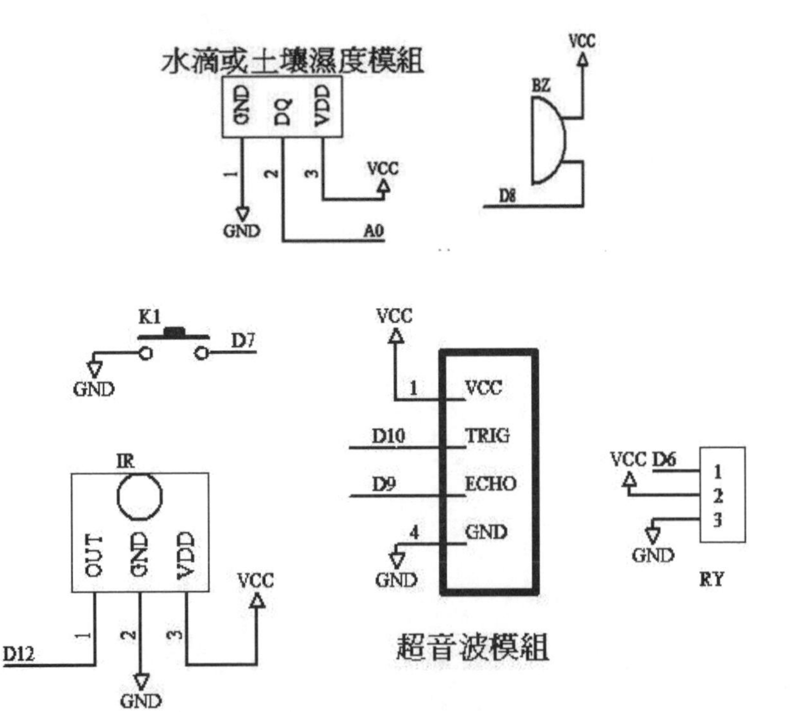
水滴或土壤濕度模組
GND
DQ
VDD
A0
VCC
BZ
D8
K1
D7
IR
OUT
GND
VDD
D12
VCC
TRIG
ECHO
D10
D9
超音波模組
VCC D6
RY

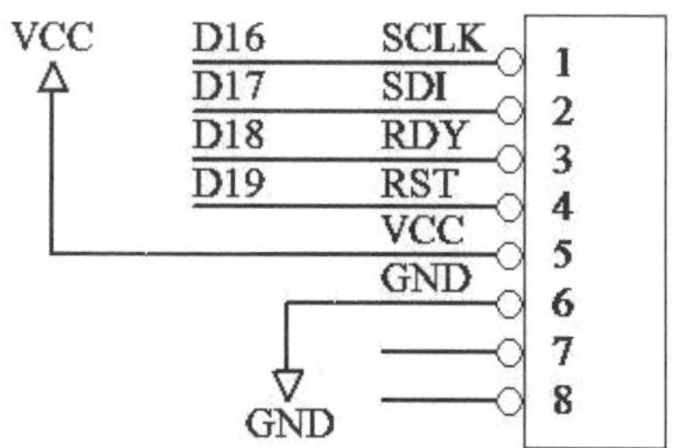

圖 12-5 智慧盆栽實驗電路

語音合成模組實驗方式，參考圖 12-6 拍照圖，可以直接插入 UNO 控制板做實驗，注意，插入後模組空出 4 支腳位。電路分析如下：

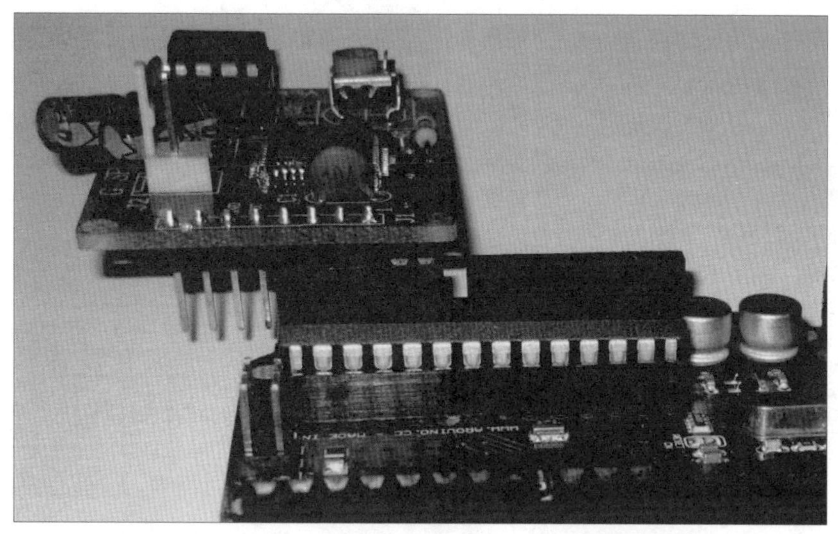

圖 12-6 語音合成模組可以直接插入 UNO 控制板做實驗

- PIN1：D16 板上標名為 A2，控制 SCLK。
- PIN2：D17 板上標名為 A3，控制 SDI。
- PIN3：D18 板上標名為 A4，控制 RDY。

■ PIN4：D19 板上標名為 A5，控制 RST。

■ PIN5：外接 5V 電源。

■ PIN6：外接 GND 地線。

系統使用土壤濕度感知器，來自動監控土壤溼度程度，也可以測試水位高度，圖 12-7 是土壤濕度感知器安裝於小電路板上的拍照圖，有 4 支腳位輸出：

■ 5v 電源接腳。

■ 地端。

■ DO 數位輸出，5v 或是 0v，由可變電阻調整。

■ AO 類比信號輸出，表示土壤濕度偵測的導電程度，低電壓輸出表示導電程度佳，完全導通是 0.3V，電壓輸出越高表導電程度差。接到晶片 A0 類比輸入點。

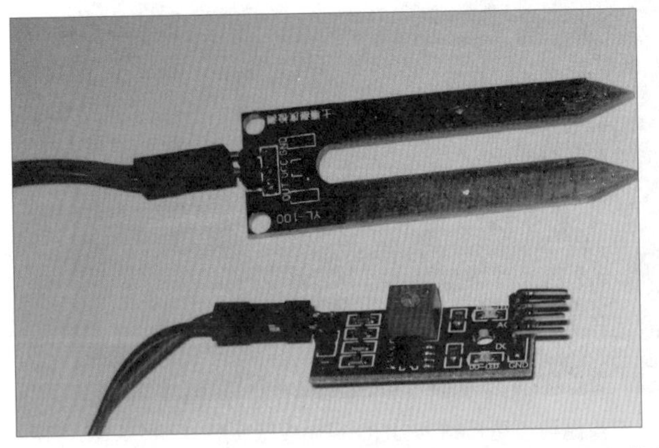

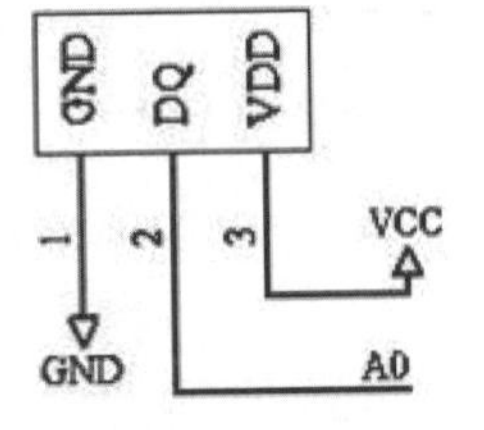

水滴或土壤濕度模組

圖 12-7　土壤濕度感知器模組

土壤濕度實驗測試數據如下：

■ 未插入土壤時，數值為 1023 最高。

- 剛插入土壤時，數值約 700。
- 再插入深一些，數值約 500。
- 放入水中，數值約 300。

當得到以上實驗數位資料後，便可以依需要，精確的以程式來控制動作點。程式設計內定小於 500，關閉繼電器，不噴水。大於 500，啟動繼電器，自動噴水，可以自行修改程式調整。未插入土壤時，數值為 1023 最高，啟動繼電器，自動噴水。當噴水後數值下降，到達 500 關閉繼電器不噴水。

12-3 互動語音內容設計

本製作以中文語音合成模組說出中文，系統互動語音種類設計如下：

- 說出中文數字資料表示土壤溼度值。
- 說出前方物體靠近的距離值。
- 執行狀態。
- 動作模式狀態切換。
- 歡迎及警告語句。

因此以語音設計的智慧盆栽功能、效果及實用性都很高。於是設計 7 段語音內容，可以以電腦按鍵來做測試。在程式下載完成後，開啟串列監控視窗，按數字 1 至 7 做測試，可以說出該段語音，由電腦按鍵與 Arduino 說中文直接進行互動測試語音內容。相關語音資料如下：

- 第 1 段語音：「我很渴請加水」。

- 第 2 段語音：「啟動給水系統」。
- 第 3 段語音：「關閉給水系統」。
- 第 4 段語音：「一般模式」。
- 第 5 段語音：「您好歡迎光臨」。
- 第 6 段語音：「警告模式」。
- 第 7 段語音：「與主人有約嗎」。

12-4 程式設計

本專題程式以語音合成模組説中文功能，展示智慧盆栽的應用，程式檔名 afl.ino。程式設計主要分為以下幾部分：

- 掃描按鍵若按下則啟動監控。
- 偵測串列介面有信號傳入，則控制語音輸出。
- 掃描紅外線信號，並進行解碼。
- 解碼後取出遙控器按鍵值分別執行對應功能。
- 以 Arduino 控制語音合成模組説出中文。
- 超音波模組測距。
- 説出 3 位數數字資料。
- 繼電器控制水泵取水。
- 執行土壤溼度及前方物體自動監控系統。

系統可以說出中文數字資料，告知土壤溼度值及監控警示前方物體靠近的距離，不需使用 LCD 顯示器便可以進行監控。

程式 afl.ino

```
#include <rc95a.h> // 引用紅外線遙控器解碼程式庫
int ad=A0; // 設定類比輸入腳位
int adc; // 設定類比變數
int cir =12 ; // 設定紅外線遙控器解碼信號腳位
int trig = 10;  // 設定超音波模組觸發腳位
int echo = 9; // 設定超音波模組返回信號腳位
int led = 13; // 設定 LED 腳位
int k1 =7; // 設定按鍵腳位
int bz=8;// 設定壓電喇叭腳位
int ry=6;// 設定繼電器按鍵腳位
int ck=16;int sd=17; int rdy=18; int rst=19; // 設定語音合成控制腳位
unsigned long ti=0;// 系統計時參數
char moden=1;// 一般模式或是警告模式
char modew=1;// 是否自動啟動給水
//----------------------------------------
void setup()// 初始化設定
{
  pinMode(ry, OUTPUT);
  digitalWrite(ry, LOW);
  pinMode(cir, INPUT);
  pinMode(trig, OUTPUT);
  pinMode(echo, INPUT);
  pinMode(ck, OUTPUT);
  pinMode(rdy, INPUT);
  digitalWrite(rdy, HIGH);
  pinMode(sd, OUTPUT);
  pinMode(rst, OUTPUT);
  pinMode(led, OUTPUT);
  pinMode(k1, INPUT);
  digitalWrite(k1, HIGH);
  digitalWrite(rst, HIGH);
  digitalWrite(ck, HIGH);
  Serial.begin(9600);
  pinMode(bz, OUTPUT);
  digitalWrite(bz, LOW);
}
```

```
//------------------------------------
void led_bl()//LED 閃動
{
int i;
 for(i=0; i<2; i++)
  {
   digitalWrite(led, HIGH); delay(20);
   digitalWrite(led, LOW); delay(20);
  }
}
//------------------------------------
void be()// 壓電喇叭發出嗶聲
{
int i;
 for(i=0; i<100; i++)
  {
   digitalWrite(bz, HIGH); delay(1);
   digitalWrite(bz, LOW); delay(1);
  }
delay(30);
}
//------------------------------------
void op(unsigned char c) // 輸出語音合成控制碼
{
unsigned char  i,tb;
 while(1)    //  if(RDY==0) break;
  if(  digitalRead(rdy)==0) break;
   digitalWrite(ck, 0);
    tb=0x80;
     for(i=0; i<8; i++)
      {
       if((c&tb)==tb) digitalWrite(sd, 1);
         else         digitalWrite(sd, 0);
       tb>>=1;
       digitalWrite(ck, 0);
       delay(10);
       digitalWrite(ck, 1);
      }
}
/*-----------------------------------------------------------------*/
void say(unsigned char *c) // 說出字串內容
{
```

```
unsigned char c1;
  do{
   c1=*c;
   op(c1);
   c++;
  } while(*c!='\0');
}
/*-----------------------*/
void reset()// 重置語音合成模組
{
 digitalWrite(rst,0);
 delay(50);
 digitalWrite(rst, 1);
}
//-----------------------------------------
// 我很渴請加水
byte m0[]={0xA7, 0xDA, 0xAB, 0xDC, 0xB4, 0xF7, 0xBD, 0xD0, 0xA5, 0x5B,
0xA4, 0xF4, 0};
// 啟動給水系統
byte m1[]={0xB1, 0xD2, 0xB0, 0xCA, 0xB5, 0xB9, 0xA4, 0xF4, 0xA8, 0x74,
0xB2, 0xCE, 0};
//  關閉給水系統
byte m2[]={0xC3, 0xF6, 0xB3, 0xAC, 0xB5, 0xB9, 0xA4, 0xF4, 0xA8, 0x74,
0xB2, 0xCE, 0};
// 一般模式
byte mn[]={0xA4, 0x40, 0xAF, 0xEB, 0xBC, 0xD2, 0xA6, 0xA1, 0};
// 您好歡迎光臨
byte mn1[]={0xB1, 0x7A, 0xA6, 0x6E, 0xC5, 0x77, 0xAA, 0xEF, 0xA5, 0xFA,
0xC1, 0x7B, 0};
// 警告模式
byte ma[]={0xC4, 0xB5, 0xA7, 0x69, 0xBC, 0xD2, 0xA6, 0xA1, 0};
// 與主人有約嗎
byte ma1[]={0xBB, 0x50, 0xA5, 0x44, 0xA4, 0x48, 0xA6, 0xB3, 0xAC, 0xF9,
0xB6, 0xDC, 0};
//---------------------------------
void say_dig(int d)// 說出 3 位數數字資料
{
int c;
c=d/1000; if(c!=0) op(c+0x30); //say dxxx
 c=d%1000; c=c/100; op(c+0x30); //say xdxx
 d=d%100;
 c=d/10;  op(c+0x30);
```

```
 c=d%10;  op(c+0x30);
}
//----------------------------------------------------------
unsigned long tco() // 高電位脈衝時間寬度量測
{
  // 發出觸發信號
  digitalWrite(trig, HIGH); // 設定高電位
  delayMicroseconds(10);  // 延遲 10 us
  digitalWrite(trig, LOW); // 設定低電位
  return pulseIn(echo, HIGH); // 傳回量測結果
}
//----------------------------------------------------------------
byte mcm[]={0xA4, 0xBD, 0xA4, 0xC0, 0};// 公分
//--------------------------------------------
void say_cm(int d) // 說出距離幾公分
{
int c;
 c=d/10; if(c!=0) op(c+0x30);
 c=d%10;     op(c+0x30);
 say(mcm);
}
//--------------------------------------------
void ry_con()// 繼電器控制水泵取水，低電位動作
{
  digitalWrite(led, 1);
  digitalWrite(ry, 0); delay(500); digitalWrite(ry, 1);
  digitalWrite(led, 0);
}
// 執行土壤溼度及前方物體自動監控系統
//-------------------------------------------
void read_adc_loop()// 執行土壤溼度及前方物體自動監控系統
{
float cm,v;
int d;
 while(1)
  {
   if(digitalRead(k1)==0 )// 有按鍵則離開迴圈
    { led_bl(); led_bl(); led_bl();
      digitalWrite(led, 1);  delay(1000); led_bl(); break;   }
   if(digitalRead(cir)==0 )// 有按下遙控器則離開迴圈
    { digitalWrite(led, 1);  delay(1000); led_bl(); led_bl();led_bl(); break;}
   cm=(float)tco()*0.017;// 計算前方距離
```

```
   d=(int)cm;
// 送出資料到電腦
   Serial.print(d);    Serial.print("cm");   Serial.println();
   if( d>0 && d<35) // 35 公分內發出語音
     {
      if(moden==1) { say(mn1); led_bl(); }
        else       { say(ma1); led_bl(); }
     }
if(  millis()-ti>=1000 )// 1 秒定時監測土壤溼度
  {
   digitalWrite(led, 1); delay(5); digitalWrite(led, 0);
   adc=analogRead(ad); // 讀取類比輸入值
   Serial.print(adc);  Serial.println();
// 未插入土壤時，數值為 1023 最高。剛插入土壤時，數值約 700。
// 再插入深一些，數值約 500。放入水中，數值約 300。
  if(adc >500)  // 缺水時，若啟動供水系統則自動供水
    { say(m0);
     if( modew==1) ry_con();
    }
  }
 }//loop
}
//-----------------------------------------
void read_adc()// 讀取土壤溼度值
{
 adc=analogRead(ad); // 讀取類比輸入值
 if(adc<500) { be(); be(); } // 類比輸入值過低發出嗶聲
}
//------------------------------------------------
void loop()// 主程式迴圈
{
float cm;
int c,i,d;
 reset(); led_bl(); be();
 digitalWrite(ry, 1);
 while(1) // 無窮迴圈
  {
loop:
// 偵測按鍵有按鍵則啟動監控
     if(digitalRead(k1)==0 )
      {
       digitalWrite(led, 1);  delay(1000); led_bl();
```

```
      read_adc_loop();
     }
  if (Serial.available() > 0) //偵測串口有信號傳入，則說出語音
    {  c= Serial.read();
     if(c=='1') { say(m0);     led_bl();     }
     if(c=='2') { say(m1);     led_bl();     }
     if(c=='3') { say(m2);     led_bl();     }
     if(c=='4') { say(mn);     led_bl();     }
     if(c=='5') { say(mn1);    led_bl();    }
     if(c=='6') { say(ma);     led_bl();     }
     if(c=='7') { say(ma1);    led_bl();    }
    }
// 迴圈掃描是否有遙控器按鍵信號？
   no_ir=1; ir_ins(cir); if(no_ir==1) goto loop;
// 發現遙控器信號．，進行轉換．
   led_bl(); rev();
// 串列介面顯示解碼結果
   for(i=0; i<4; i++)
   {c=(int)com[i]; Serial.print(c); Serial.print(' '); }
   Serial.println();
   delay(100);
// 判斷遙控器按鍵 1 ~ 5，執行功能
   if(com[2]==12) {be(); read_adc(); say_dig(adc);
                  cm=(float)tco()*0.017;// 計算前方距離
                  d=(int)cm; say_cm(d);   led_bl();}
   if(com[2]==24) {be(); read_adc_loop();  led_bl();}
   if(com[2]==94) {moden=1-moden;
                   if(moden==1) {say(mn);  led_bl();}
                    else  {say(ma);  led_bl();}
                  }
   if(com[2]==8)  {modew=1-modew;
                   if(modew==1) {say(m1);  led_bl();}
                    else  {say(m2);  led_bl();}
                  }
   if(com[2]==28) { digitalWrite(led, 1);
                  digitalWrite(ry, 0); delay(1000); digitalWrite(ry, 1);
                  digitalWrite(led, 0);  }
  }//loop
}
```

Arduino 旋轉舞台

13-1 設計動機及功能

13-2 電路設計

13-3 互動內容設計

13-4 程式設計

Arduino 要做機構動態應用展示設計，最簡單的控制方式是使用伺服機做動力驅動來源，加上 Arduino 系統內建伺服機控制函數，想要組裝設計一組動態旋轉舞台並不困難，本章將結合遙控器來遙控旋轉舞台，舞台建立後，可以做許多創意商品展示或是擺上自己喜歡的公仔。

13-1 設計動機及功能

許多人的工作桌、書桌上會擺上自己用心設計的作品、自己喜歡的公仔、小植物盆栽或是吉祥物等，在工作休息之餘可以欣賞這些小物件，可以改變思緒，增加靈感。若這些靜態物件會說話，可以動起來，一定很有趣。中文合成模組可以實現說話功能，動起來則需要驅動器來設計，在不必大費周章設計硬體及機構下，設計一組旋轉舞台會是有趣的實驗專題，舞台有了，這些小物件便可以依序排隊上台表演了。

伺服機常用在遙控飛機或是遙控船上，作為方向變化控制及加減速控制用，伺服機的優點是扭力大可拉動較重的負荷，並且體積小、重量輕而且省電，在 Arduino 實驗及專題應用上伺服機是常用的動力驅動元件，不需要電子驅動介面，以數位信號，一條數位信號線，便可以驅動一顆伺服機動作，佔用很少的硬體資源。於是本專題選用伺服機來組裝一組旋轉舞台。功能設計如下：

- 使用 360 度轉動伺服機做控制，可遙控調整。
- 可以按鍵控制啟動。
- 旋轉舞台可以正轉及反轉，配合平安夜歌曲演奏。
- 紅外線接收模組接收遙控器信號。

- 當按下遙控器按鍵後，會做出如下展示：
    - 按鍵 1：正轉測試。
    - 按鍵 2：反轉測試。
    - 按鍵 3：持續正轉並演奏平安夜歌曲。
    - 按鍵 4：持續反轉並演奏平安夜歌曲。
- 紅外線接收模組接收聲控發射之信號。
- 可擴充聲控命令。

圖 13-1 為 Arduino 旋轉舞台實作拍照，Arduino 旋轉舞台使用實例可以參考圖 13-2 可愛動物展示。機構設計如圖 13-3 所示，由以下幾部分組成：

- 固定底盤，以萬用板製作方便加工處理。
- 固定伺服機的銅柱及螺絲。
- 伺服機轉動小盤。
- 上方舞台，以不用的光碟片來加工。

圖 13-1　旋轉舞台實作

圖 13-2　Arduino 旋轉舞台可愛動物展示

圖 13-3　Arduino 旋轉舞台伺服機及機構

13-2 電路設計

圖 13-4 是旋轉舞台實驗電路，使用如下零件：

- 按鍵：測試功能。
- 遙控器：遙控操作各式功能。
- 壓電喇叭：演奏歌曲。
- 紅外線遙控器接收模組：接收遙控器按鍵信號。
- 360 度轉動伺服機：驅動舞台轉動。

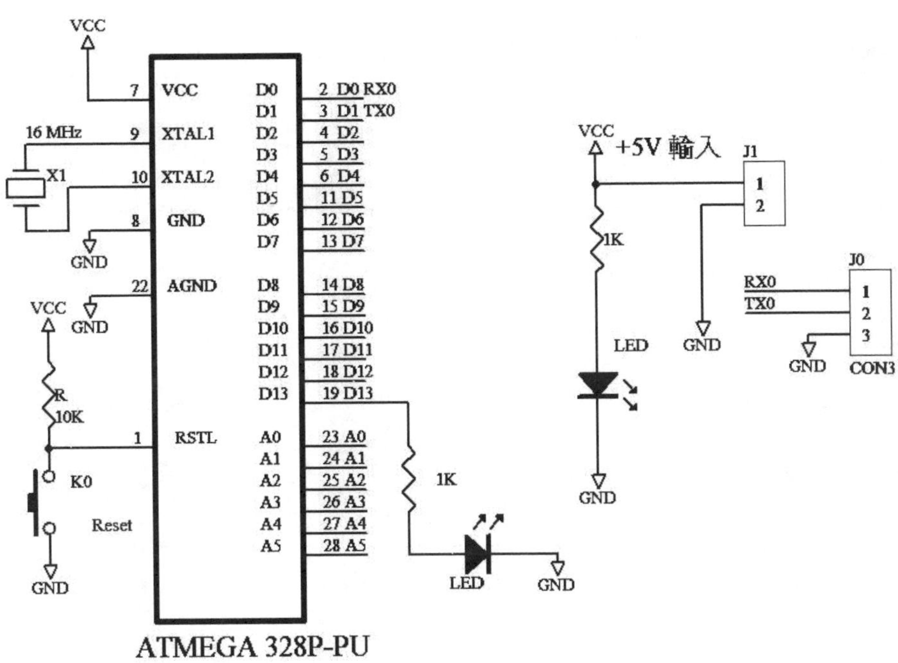

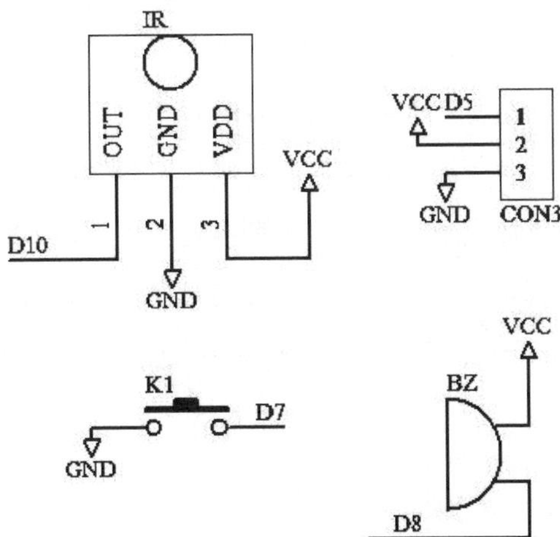

圖 13-4　旋轉舞台實驗電路

13-3 互動內容設計

本旋轉舞台實作未加入語音回應功能，只是按下遙控器啟動旋轉舞台轉動，結合音樂的演奏，在舞台上，使用者可以依需求放置展示物，可能是：

- 自己用心設計的 Arduino 作品。
- 自己的專題展示。
- 可愛的公仔。
- 商品展示。
- 小植物盆栽。
- 聖誕老公公。
- 模型車。
- 吉祥物。

例如擺上聖誕老公公，配合旋轉舞台轉動加上平安夜歌曲音樂演奏，在十二月的聖誕時節時，可做應景設計。當使用者放置不同的展示主角，便可以做不同的互動內容設計。可以加入語音，與使用者互動；可以加入燈光照明，增加現場展示氣氛；可以加入感應器，當人靠近時，開始展示；將基本底盤加以改裝，加大面積，在上方可以搭載更多的展示商品。當加入聲控互動設計時，可以設計如下：

- 主控端發出語音命令：「舞台」。
- 受控端執行語音命令：舞台開始旋轉，同時音樂出現。

此時 VI 聲控模組聽到有人說出「舞台」關鍵字，則會發射信號出去，當 Arduino 收到信號解碼後，執行相對動作。完整的語音命令控制，可以設計如下：

- 語音命令：「舞台」，啟動旋轉舞台。
- 語音命令：「正轉」，旋轉舞台正轉展示。
- 語音命令：「反轉」，旋轉舞台反轉展示。
- 語音命令：「測試」，測試旋轉舞台功能。
- 語音命令：「展示」，啟動旋轉舞台各式展示功能。

13-4 程式設計

旋轉舞台程式檔名為 apt.ino，程式設計主要分為以下幾部分：

- 音樂演奏程式。
- 音樂演奏音階及音長資料。
- 360 度轉動伺服機驅動正反轉。
- 按鍵測試功能。
- 紅外線接收模組接收遙控器信號。
- 解碼遙控器信號做動作展示。

使用者可以改變音樂演奏音階及音長資料，將自己喜歡適合的音樂簡譜輸入，設計成自己喜歡的音樂旋轉舞台展示。由於聲控發射之紅外線信號格式與遙控器信號相同，因此聲控發射之紅外線信號解碼可以省略，也就是聲控與遙控器發射之信號共用解碼程式。

程式 apt.ino

```
// 音調對應頻率值
int f[]={0, 523,  587,  659,  698, 784,   880, 987,
      1046, 1174, 1318, 1396, 1567, 1760, 1975};
// 旋律音階
char song[]={5,6,5,3, 5,6,5,3, 9,9,7,7, 8,8,5,5, 6,6,8,7,6, 5,6,5,3, 3,
6,6,8,7,6, 5,6,5,3, 9,9, 11, 9, 7, 8, 10, 10, 10, 8,5,3, 5,4,2,
1,1,1,1,100};

// 旋律音長拍數
char len[]={2,2,1,1, 1,1,1,1, 1,1,1,1, 1,1,1,1, 1,1,1,1,1, 1,1,1,1, 1,
1,1,1,1,1, 1,1,1,1, 1,1,  1, 1, 1,1, 1 , 1 , 1 , 1,1,1, 1,1,1,
1,1,1,1,100};
#include <rc95a.h>// 引用紅外線遙控器解碼程式庫
#include <Servo.h>// 引用伺服機程式庫
Servo servo1; // 宣告伺服機物件
int cir =10;// 設定接收模組腳位
int LM=5; // 設定伺服機腳位
int led = 13; // 設定 led 腳位
int k1 = 7; // 設定按鍵腳位
int bz=8; / 設定喇叭腳位
void setup()// 設定初值
{
  pinMode(led, OUTPUT);
  pinMode(k1, INPUT);
  digitalWrite(k1, HIGH);
  pinMode(bz, OUTPUT);
  Serial.begin(9600);
  digitalWrite(bz, LOW);
  pinMode(cir, INPUT);
}
/*-------------------*/
void led_bl()//LED 閃動
{
int i;
 for(i=0; i<2; i++)
  {
   digitalWrite(led, HIGH); delay(150);
   digitalWrite(led, LOW);  delay(150);
  }
}
/*-------------------*/
void be()// 發出嗶聲
{
int i;
```

```
 for(i=0; i<100; i++)
  {
   digitalWrite(bz, HIGH); delay(1);
   digitalWrite(bz, LOW); delay(1);
  }
}
/*-------------------*/
void so(char n) / 發出特定音階單音
{
 tone(bz, f[n],500);
 delay(100);
 noTone(bz);
}
/*-------------------*/
void test()// 測試各個音階
{
 so(1); led_bl();
 so(2); led_bl();
 so(3); led_bl();
 }
/*-------------------*/
void tone1(char t, char l) // 發出特定音階單音
{
 tone(bz, f[t]);
 delay(300*l);
 noTone(bz);
}
/*-------------------*/
void  play_song(char *t, char *l) // 演奏一段旋律
{
 while(1)
  {
   if(*t==100) break;
   tone1(*t++, *l++);
   delay(5);
  }
}
/*-------------------------------------------*/
void go()// 伺服機正轉
{
servo1.attach(LM);  servo1.write(180); delay(500);
servo1.detach();    delay(100);
}
//-----------------------------------------
void back()/ 伺服機反轉
{
```

```
servo1.attach(LM);  servo1.write(0); delay(500);
servo1.detach();    delay(100);
}
//----------------------------------------
void demo1()// 展示 1
{
int i;
  servo1.attach(LM);  servo1.write(180); /* delay(500); */
  play_song(song, len);
  servo1.detach();
}
//----------------------------------------
void demo2()// 展示 2
{
int i;
  servo1.attach(LM);  servo1.write(0); /* delay(500); */
  play_song(song, len);
  servo1.detach();
}
//----------------------------------------
void loop()// 主程式迴圈
{
 test();// 測試音階
while(1) // 迴圈
  {
loop:
   if( digitalRead(k1)==0 ) // 按下 k1 鍵則開始展示
      demo1();
// 迴圈掃描是否有遙控器按鍵信號？
   no_ir=1; ir_ins(cir); if(no_ir==1) goto loop;
// 發現遙控器信號，進行轉換
   led_bl(); rev();
// 比對遙控器按鍵碼，數字 1 ～ 4，執行動作
  if(com[2]==12) { be(); go();   }
  if(com[2]==24) { be(); back(); }
  if(com[2]==94) { be(); demo1(); }
  if(com[2]==8 ) { be(); demo2(); }
  }
}
```

Arduino 特定語者聲控查詢晶片腳位

14-1 設計動機及功能

14-2 電路設計

14-3 互動語音內容設計

14-4 程式設計

本專題以 Arduino 設計特定語者聲控查詢 Arduino UNO 板子晶片腳位，只要我說出「D3 腳位」，裝置會說出「第 5 支腳」，因此我不必查詢電路圖，只要說出 Arduino 晶片腳位，裝置會說出第幾支腳位，方便我手工焊接工程板腳位確認，對於個人使用很方便。特定語者聲控查詢適合個人使用，說國語、台語、英文都可以辨認，馬上可以錄音來做實驗。

14-1 設計動機及功能

最早特定語者聲控辨認技術常應用於整理技術報告、資料查詢或是當手不方便操作機台時，以口下指令控制運作，如聲控示波器、數位電表等量測儀器功能切換應用上。本專題以 Arduino 設計特定語者聲控查詢 Arduino 晶片腳位，Arduino 晶片 D3 腳位是在第 5 支腳，只要我說出「D3 腳位」，裝置會說出「第 5 支腳」，因此我不必查詢電路圖，只要說出 Arduino 晶片腳位，裝置會說出第幾支腳位，方便我手工焊接工程板腳位確認，只需動口，動手焊接便可以工作，對於個人使用很方便。

功能設計如下：

- 以 VCMM 聲控模組當作查詢主機，說出晶片腳位，進行辨認。
- VCMM 聲控模以串列介面與 Arduino 連線，傳送接收資料。
- VCMM 聲控模組進行辨認後，輸出辨認結果到 Arduino，Arduino 驅動 MSAY 中文語音合成模組說出晶片腳位。
- 模組化設計，可移植到其他 Arduino 系統中，以聲控方式驅動您設計的 Arduino 專題作品。
- 馬上可以錄音來做其他專題實驗。

圖 14-1 為 Arduino 聲控查詢晶片腳位實作拍照。

圖 14-1　聲控查詢專題實作

14-2 電路設計

圖 14-2 是專題實驗電路，不包含 Arduino 基本動作電路。使用如下零件：

- VCMM 聲控模組：執行聲控查詢。

- 按鍵：測試功能。
- LED：閃動指示燈。
- 串列介面連線：Arduino 與 VCMM 聲控模組連線。
- MSAY 中文語音合成模組：說出晶片腳位資料。

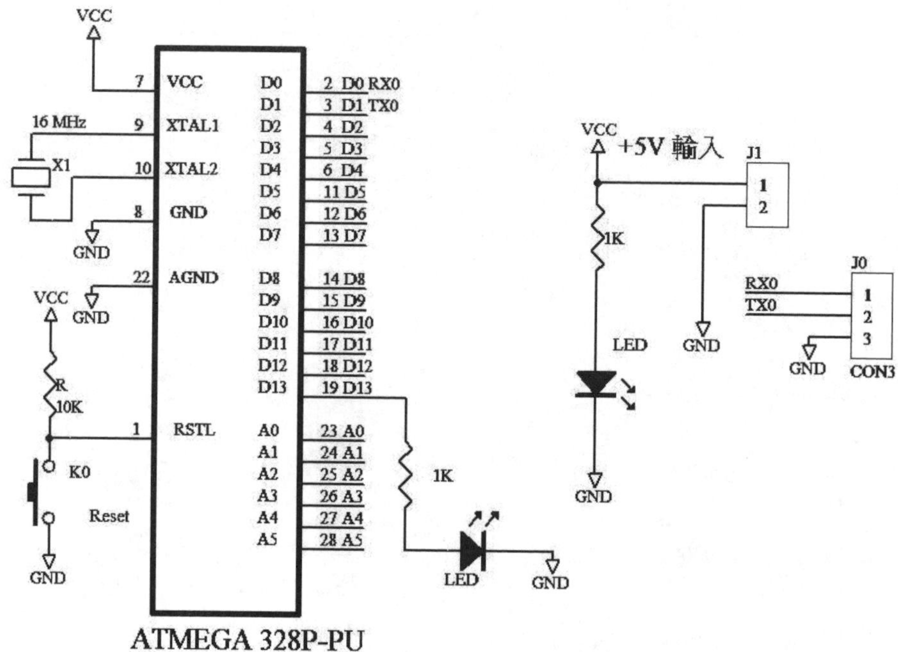

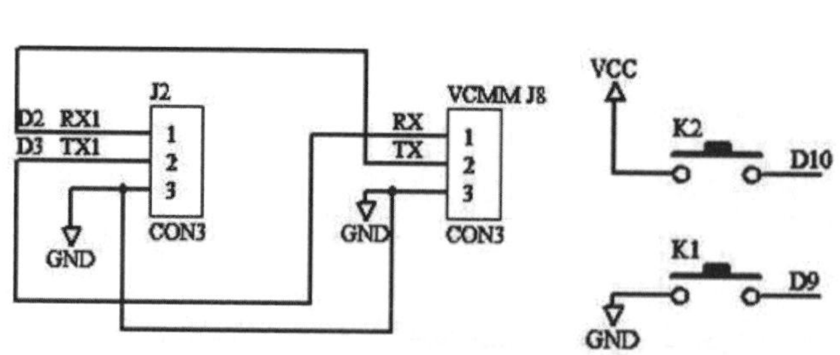

圖 14-2　聲控查詢實驗電路

14-3 互動語音內容設計

本製作以中文語音合成模組說出 Arduino 晶片腳位，只要我說出「D3 腳位」，裝置會說出「第 5 支腳」，因此我不必查詢電路圖，只要說出 Arduino 晶片腳位，裝置會說出第幾支腳位，腳位圖可以參考圖 14-3，先對 VCMM 進行錄音，內容如下：

- 第 1 段語音：「D0 腳位」。
- 第 2 段語音：「D1 腳位」。
- 第 3 段語音：「D2 腳位」。
- 第 4 段語音：「D3 腳位」。

⋮

- 第 14 段語音：「D13 腳位」。

再對 VCMM 輸入語音測試，辨認結果傳入 Arduino 中，Arduino 會說出對應的語音內容。相關語音資料如下：

- 第 1 段語音：「第 2 支腳」。
- 第 2 段語音：「第 3 支腳」。
- 第 3 段語音：「第 4 支腳」。
- 第 4 段語音：「第 5 支腳」。

⋮

- 第 14 段語音：「第 19 支腳」。

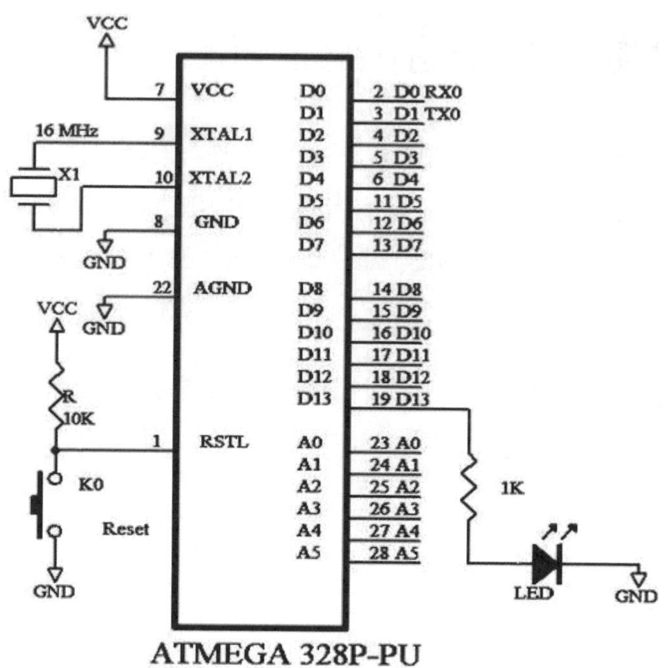

圖 14-3 Arduino UNO 板子晶片腳位圖

14-4 程式設計

本專題程式以語音合成模組說出中文晶片腳位，程式檔名 mVCicp.ino，程式設計主要分為以下幾部分：

- 掃描按鍵啟動聲控功能。
- 偵測串列介面有信號傳入，則啟動聲控功能。
- Arduino 執行控制語音聆聽功能，了解資料庫內容。
- Arduino 控制語音辨認及接收辨認結果。
- 以 Arduino 控制語音合成模組說出晶片腳位。

程式 mVCicp.ino

```
#include <SoftwareSerial.h> // 引用軟體串列程式庫
SoftwareSerial url(2,3);     // 指定產生 url 串列介面腳位
int gnd=19; // 設定語音合成地線控制腳位
int v5=18; // 設定語音合成 5v 控制腳位
int ck=14;int sd=15; int rdy=16; int rst=17; // 設定語音合成控制腳位
int led = 13; // 設定 LED 腳位
int k1 = 9;   // 設定按鍵 k1 腳位
int k2 = 10;   // 設定按鍵 k2 腳位
int ans;     // 設定辨認結果答案
//--------------------------------------
void setup()// 初始化設定
{
  Serial.begin(9600);
  url.begin(9600);
  pinMode(led, OUTPUT);
  pinMode(led, LOW);
  pinMode(k1, INPUT);
  digitalWrite(k1, HIGH);
  pinMode(k2, INPUT);
  digitalWrite(k2, LOW);
  pinMode(v5, OUTPUT);  pinMode(gnd, OUTPUT);
  digitalWrite(v5, HIGH);  digitalWrite(gnd, LOW);  delay(1000);
  pinMode(ck, OUTPUT);
  pinMode(rdy, INPUT);
  digitalWrite(rdy, HIGH);
  pinMode(sd, OUTPUT);
  pinMode(rst, OUTPUT);
  digitalWrite(rst, HIGH);
  digitalWrite(ck, HIGH);
}
//-----------------------------------
void led_bl()//LED 閃動
{
int i;
 for(i=0; i<1; i++)
  {
   digitalWrite(led, HIGH); delay(150);
   digitalWrite(led, LOW);  delay(150);
  }
}
```

```
//--------------------------------------------------------
void op(unsigned char c) // 輸出語音合成控制碼
{
unsigned char  i,tb;
 while(1)     //  if(RDY==0) break;
  if(  digitalRead(rdy)==0) break;
   digitalWrite(ck, 0);
    tb=0x80;
     for(i=0; i<8; i++)
      {
       if((c&tb)==tb) digitalWrite(sd, 1);
         else         digitalWrite(sd, 0);
       tb>>=1;
       digitalWrite(ck, 0);
       delay(10);
       digitalWrite(ck, 1);
      }
}
/*----------------------------------------------------------------------*/
void say(unsigned char *c) // 將字串內容輸出到語音合成模組
{
unsigned char c1;
  do{
   c1=*c;
   op(c1);
   c++;
  } while(*c!='\0');
}
/*-----------------------*/
void reset()// 重置語音合成模組
{
 digitalWrite(rst,0);
 delay(50);
 digitalWrite(rst, 1);
}
//-------------------------------------------
// 第
byte mno[]={0xB2, 0xC4, 0};
// 支腳
byte mpin[]={0xA4, 0xE4, 0xB8, 0x7D, 0};
// 說出腳位
void sayd2(int d)
```

```
{
int c;
 say(mno);
 c=d/10;  if(c!=0) op(c+0x30);
 c=d%10;  op(c+0x30);
 say(mpin);
}
//--------------------------------
void listen()// 語音聆聽
{
 url.print('l');
}
//--------------------------------
char rx_char()// 接收辨認結果
{
char c;
 while(1)
    if (url.available() > 0)
      { c=url.read();
          Serial.print('>'); Serial.print(c);
        return c; }
}
//--------------------------------------
void vc()  // 語音辨認
{
byte c,c1;
 url.print('r'); delay(500);
 c=rx_char();
 if(c!='@') { led_bl(); return; }
 c= rx_char()-0x30; c1=rx_char()-0x30;
 ans=c*10+c1;
 Serial.print("ans="); Serial.println(ans);
 vc_act();
}
//----------------------------------------------------------------
void vc_act()// 由辨認結果執行聲控應用一說出腳位
{
  if(ans==0)  sayd2(2);
  if(ans==1)  sayd2(3);
  if(ans==2)  sayd2(4);
  if(ans==3)  sayd2(5);
  if(ans==4)  sayd2(6);
```

```
  if(ans==5)  sayd2(11);
  if(ans==6)  sayd2(12);
  if(ans==7)  sayd2(13);
  if(ans==8)  sayd2(14);
  if(ans==9)  sayd2(15);
  if(ans==10)  sayd2(16);
  if(ans==11)  sayd2(17);
  if(ans==12)  sayd2(18);
  if(ans==13)  sayd2(19);
}
//----------------------------------------
void loop()// 主程式迴圈
{
char c;
 reset(); led_bl();
 Serial.print("VC uart test : \n");
 Serial.print("1:listen   2:vc  \n");
// listen();// 聽取內容
 sayd2(1);
 while(1) // 迴圈
  {
   if (Serial.available() > 0) // 有串列介面指令進入
    {
     c=Serial.read();// 讀取串列介面指令
     if(c=='1') { Serial.print("listen\n"); listen(); led_bl();} // 聽取內容
     if(c=='2') { Serial.print("vc\n");  vc();  led_bl(); } // 啟動聲控
    }
// 掃描是否有按鍵
    if( digitalRead(k1)==0 ) { led_bl(); listen();}// k1 按鍵聽取內容
    if( digitalRead(k2)==1 ) { led_bl(); vc();  } //k2 按鍵啟動聲控
  }
}
```

Arduino 數字倒數鬧鐘

15-1 設計動機及功能

15-2 電路設計

15-3 互動語音內容設計

15-4 程式設計

第 5 章看過 Arduino LCD 倒數計時器設計，傳統 LCD 配線複雜，本章改用數字顯示七節顯示器來設計一款倒數時間機器，除了簡化配線外，晚上使用清晰可見，並且增加夜燈及鬧鐘功能，其中以遙控器設定倒數時間，加入語音回應功能更人性化，還可以擴充聲控命令設定及回應。

15-1 設計動機及功能

過去習慣都用傳統鬧鐘叫起床，後來鬧鐘換為手機執行鬧鐘通知功能。當認識 Arduino 後，由於程式設計教學之便，開始設計大量程式碼用於生活中，因此便使用 Arduino 電子鬧鐘叫起床，順便測試程式執行功能是否正常。當鬧鐘功能用，天一亮，以語音告訴您「起床了」，順便加入夜燈功能，方便夜間起床有一點燈光照明用。白天就當一般倒數計時器用，煮泡麵、小睡片刻、休息一下，都會用到。

本章以 Arduino 結合七節顯示器，設計一個 Arduino 互動倒數計時器功能。設計功能如下：

- 使用 4 位七節顯示器來顯示目前倒數計時。
- 顯示格式為「分分 : 秒秒」，或是「時時 : 分分」可切換。
- 重置後內定倒數計時時間為 5 分鐘。
- 當計時為 0 時則發出嗶聲，並說出「時間到」，按下遙控器任何按鍵，停止嗶聲，重置內定倒數時間為 5 分鐘。
- 倒數 6 小時可當鬧鐘用，並說出「時間到」,「起床了」。
- 當按下遙控器按鍵後，會做出如下設定：
    - 按鍵 1：設定倒數計時時間為 5 分鐘。

- 按鍵 2：設定倒數計時時間為 10 分鐘。
- 按鍵 3：設定倒數計時時間為 20 分鐘。
- 按鍵 4：設定倒數計時時間為 30 分鐘。
- 按鍵 5：設定倒數計時時間為 40 分鐘。
- 按鍵 6：模式切換，時分資料顯示切換。
- 按鍵 7：設定倒數計時時間為 60 分鐘。
- 按鍵 8：倒數 6 小時當鬧鐘用。
- 按鍵 9：開啟夜燈。
- 按鍵 0：關閉夜燈。

圖 15-1 為倒數鬧鐘實作拍照。以七節顯示器來設計倒數時間機器，除了簡化配線外，並將 Arduino 板子反過來配線，以萬用板配線來實現電路連接，參考圖 15-2 連接方式。既然電路是焊接起來的，因此可以長久使用，不會因為接觸不良而時好時壞，造成使用上的困擾。此外在倒數鬧鐘上方，加上壓克力面板，參考圖 15-3，使得顯示效果較佳，原因如下：

- 數字顯示效果佳。
- 使小夜燈有柔光效果。
- 避免上方遙控器接收模組接收強光受干擾。

圖 15-1　倒數鬧鐘實作

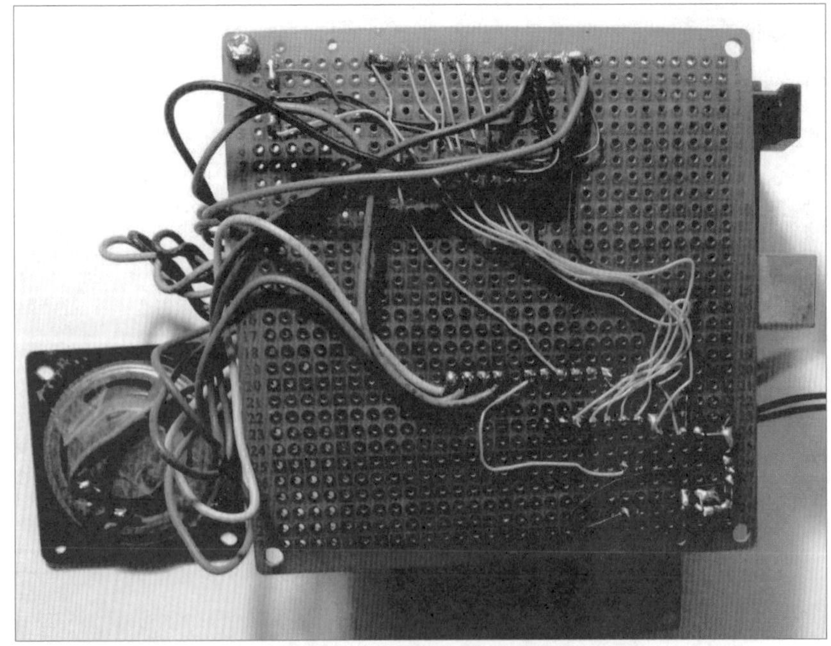

圖 15-2　倒數鬧鐘背面配線圖

圖 15-3　倒數鬧鐘加上壓克力面板顯示效果佳

15-2 電路設計

圖 15-4 是倒數鬧鐘實驗電路，使用如下零件：

- 七節顯示器模組：顯示目前計時時間。
- 小夜燈：使用 WS2812 1 組 LED，可以顯示多種顏色。
- 壓電喇叭：聲響警示。
- 紅外線遙控器接收模組：接收遙控器按鍵信號。
- MSAY 中文語音合成模組：說出語音。

專題製作容易連接也是製作前需考量的因素，傳統 LCD 液晶顯示器應用雖然很多，但是實驗電路配線多，在顯示方面若只顯示數字，四位七節顯示器是首選。一般是紅色顯示，可以搭配各式情境使用，許多 Arduino 感知器實驗，脫離電腦端離線應用，用來顯示感測資料都可以派上用場。本專題使用 TM1637，參考圖 15-5，符合我們的需求：

- 2 線串列控制，容易連接。
- 適合 Arduino 硬體周邊擴充。
- 顯示數字資料，一目了然。
- 適合各式情境使用。
- 支援 Arduino 程式庫、驅動程式。

它是 4 支腳位：

- VCC：5V 電源接腳。
- GND；地端。
- CLK：同步脈衝信號。
- DIO：數位資料傳送。

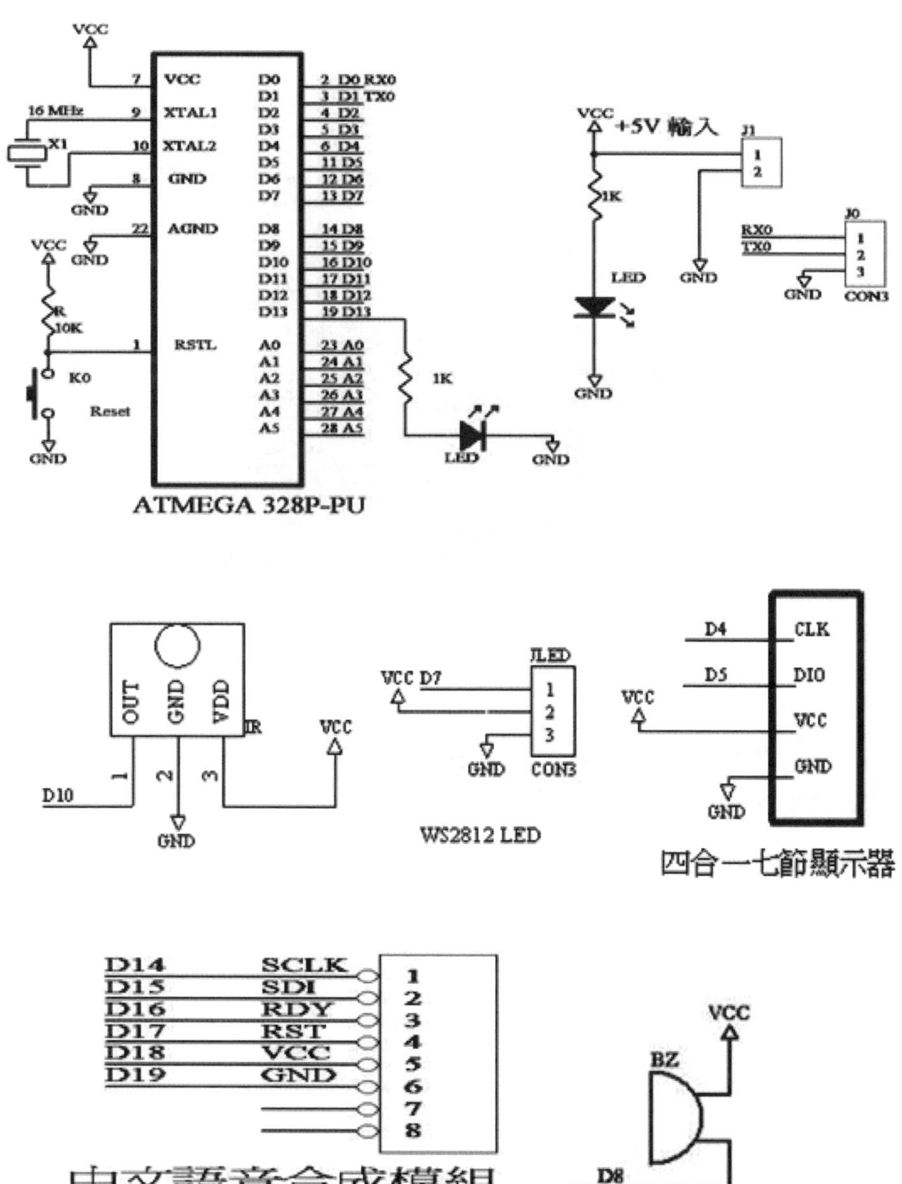

圖 15-4　倒數鬧鐘實驗電路

圖 15-5　四位七節顯示器模組實體

15-3 互動語音內容設計

系統接受遙控器按鍵設定，設定如下功能：

- 按鍵 1：設定倒數計時時間為 5 分鐘。
- 按鍵 2：設定倒數計時時間為 10 分鐘。
- 按鍵 3：設定倒數計時時間為 20 分鐘。
- 按鍵 4：設定倒數計時時間為 30 分鐘。
- 按鍵 5：設定倒數計時時間為 40 分鐘。

- 按鍵 6：模式切換。
- 按鍵 7：設定倒數計時時間為 60 分鐘。
- 按鍵 8：倒數 6 小時當鬧鐘用。
- 按鍵 9：開啟夜燈。
- 按鍵 0：關閉夜燈。

VI 聲控模組發射相關按鍵紅外線信號出去，便可以啟動倒數計時器。語音互動功能可以設計如下：

- 主控端發出語音命令：「倒數五分鐘」。
- 受控端執行語音命令：設定倒數五分鐘並說出「倒數五分鐘」。

此時 VI 聲控模組聽到有人說出「倒數五分鐘」關鍵字，則會發射遙控器按鍵 1 信號出去，當 Arduino 收到信號解碼後，執行設定倒數五分鐘，並驅動語音合成模組說出該段語音。完整的語音命令控制，可以設計如下：

- 語音命令：「倒數五分鐘」，裝置倒數計時設定為 5 分鐘。
- 語音命令：「倒數十分鐘」，裝置倒數計時設定為 10 分鐘。
- 語音命令：「倒數二十分鐘」，裝置倒數計時設定為 20 分鐘。
- 語音命令：「鬧鐘」，設定鬧鐘。
- 語音命令：「開啟夜燈」，將夜燈打開。
- 語音命令：「關閉夜燈」，將夜燈關閉。

15-4 程式設計

本專題程式檔名 xtdo.ino，程式設計主要分為以下幾部分：

- 每隔一秒定時更新倒數的時間。
- 倒數時間顯示於七節顯示器上。
- 掃描紅外線信號，並進行解碼。
- 解碼後判別出各按鍵，分別設定倒數時間。
- 以 Arduino 控制語音合成模組說出中文。
- 倒數時間到了，發出嗶聲，相關程序處理。

Arduino 開源程式碼方便程式設計，只要使用標準硬體模組對應程式庫中必要功能，在我們的程式中，便可以最少程式碼，有效設計出想要製作的功能。有關七節顯示器模組，是使用 TM1637 模組，程式設計先要載入如下含括檔，使用該程式庫並做相關宣告。

```
#include "SevenSegmentTM1637.h" // 載入含括檔
int PIN_CLK = 4;   // 時派控制腳位
int PIN_DIO = 5;   // 資料控制腳位
SevenSegmentTM1637 display(PIN_CLK, PIN_DIO);// 函數原型宣告

以下程式便可以顯示出 " 1 2 3 4 "
char mess[]="1234";// 顯示記憶體
void setup()// 初始化執行
{
  display.begin();
  display.setBacklight(100);
  display.setColonOn(1);
  display.print(mess);
}
```

假設倒數分鐘變數為 mm，倒數秒鐘變數為 ss，以下程式碼可以顯示倒數的時間。

```
void show_tdo()// 顯示倒數的時間
{
int d;
  display.clear();
  d=mm/10; mess[0]=d+0x30;
  d=mm%10; mess[1]=d+0x30;
  d=ss/10; mess[2]=d+0x30;
  d=ss%10; mess[3]=d+0x30;
  display.print(mess);
}
```

有關夜燈設計使用 WS2812 燈串 LED，可以顯示多種顏色，可以由程式來控制顯示，隨我們喜好顯示不同的夜燈顏色。程式設計先要載入如下含括檔，使用該程式庫並做相關宣告。

```
#include <WS2812.h>// 載入含括檔
#define no 8            // 可驅動 8 顆 LED
WS2812 LED(no);         // 函數原型宣告
cRGB value;             // 調色盤變數宣告
int aled=11;            // 控制腳位
```

將 RGB 3 顏色的參數值寫入變數中，便可以作不同顏色顯示控制，常用顏色顯示為白色、紅色、綠色、藍色、橘色、紫色、黃色、灰色顯示，可以設計如下：

```
void setup()// 初始化執行
{
  LED.setOutput(aled);
}
//------------------------
void set_color(char c)  // 設定發出不同顏色光源
{
 switch(c)
  {
   case white: value.r=255;  value.g=255; value.b=255; break;
```

```
    case red  : value.r=255;  value.g=0  ; value.b=0  ; break;
    case green: value.r=0  ;  value.g=255; value.b=0  ; break;
    case blue : value.r=0  ;  value.g=0  ; value.b=255; break;
    case din  : value.r=0  ;  value.g=255; value.b=255; break;
    case pur  : value.r=128;  value.g=0  ; value.b=128; break;
    case yel  : value.r=255;  value.g=255; value.b=0  ; break;
    case gray : value.r=128;  value.g=128; value.b=128; break;
    default:  break;
   }
}
//-------------------------
void set_all_off()//LED 全滅
{
int i;
 for(i=0; i<no; i++)
  {
   value.r=0;  value.g=0; value.b=0;
   LED.set_crgb_at(i, value);
   LED.sync(); delay(1);
  }
}
//--------------------------------------
void set_col_led(int c)// 控制夜燈顯示出不同顏色
{
int i;
  set_color(c);
  for(i=0; i<no; i++)  LED.set_crgb_at(i, value);
  LED.sync();
}
```

有了以上程式碼，夜燈程式設計如下：

```
set_col_led(red); // 夜燈設為紅色
set_col_led(blue);// 夜燈設為藍色
```

程式 xtdo.ino

```
#include <WS2812.h>// 載入含括檔
#define no 8          // 可驅動 8 顆 LE
WS2812 LED(no);   // 函數原型宣告
```

```
cRGB value;         // 調色盤變數宣告
#define white  0    // 白色編號定義
#define red    1    // 紅色編號定義
#define green  2    // 綠色編號定義
#define blue   3    // 藍色編號定義
#define din    4    // 橘色編號定義
#define pur    5    // 紫色編號定義
#define yel    6    // 黃色編號定義
#define gray   7    // 灰色編號定義
int aled=7;    // 控制腳位

#define MS 1000// 秒數定義微調用
#include <rc95a.h>// 引用紅外線遙控器解碼程式庫
int cir =10; // 設定紅外線信號腳位
#include "SevenSegmentTM1637.h"// 引用顯示器程式庫
int PIN_CLK = 4; // 設定顯示器 CLK 信號腳位
int PIN_DIO = 5; // 設定顯示器 DIO 信號腳位
// 顯示器函數原型宣告
SevenSegmentTM1637 display(PIN_CLK, PIN_DIO);
int led=13; // 設定 LED 腳位
int bz=8; // 設定壓電喇叭控制腳位
int gnd=19; // 設定語音合成地線控制腳位
int v5=18; // 設定語音合成 5v 控制腳位
// 設定語音合成控制腳位
int ck=14;int sd=15; int rdy=16; int rst=17;
int hh=0, mm=10, ss=1;// 倒數時分秒變數
unsigned long ti=0; // 系統計時參數
char mess[]="1234";// 顯示器記憶體緩衝區
char mode=0;// 顯示器顯示模式切換
//--------------------------------------
void setup() {// 初始化設定
  Serial.begin(9600);
  pinMode(v5, OUTPUT);   pinMode(gnd, OUTPUT);
  digitalWrite(v5, HIGH);  digitalWrite(gnd, LOW);
  delay(1000);
  pinMode(ck, OUTPUT);
  pinMode(rdy, INPUT);
  digitalWrite(rdy, HIGH);
  pinMode(sd, OUTPUT);
  pinMode(rst, OUTPUT);
  digitalWrite(rst, HIGH);
  digitalWrite(ck, HIGH);
```

```
  pinMode(led, OUTPUT);
  pinMode(cir, INPUT);
  pinMode(bz, OUTPUT);
  digitalWrite(bz, LOW);
  display.begin();
  display.setBacklight(100);
  display.setColonOn(1);
  LED.setOutput(aled);
  set_all_off();   delay(200);
}
//-----------------------------------
void led_bl()//LED 閃動
{
int i;
 for(i=0; i<2; i++)
  {
   digitalWrite(led, HIGH); delay(150);
   digitalWrite(led, LOW); delay(150);
  }
}
//-----------------------------------
void be()// 發出嗶聲
{
int i;
 for(i=0; i<100; i++)
  {
   digitalWrite(bz, HIGH); delay(1);
   digitalWrite(bz, LOW); delay(1);
  }
 delay(10);
}
//------------------------------
void show_tdo()// 顯示倒數時間一分秒
{
int d;
  display.clear();
  d=mm/10; mess[0]=d+0x30;
  d=mm%10; mess[1]=d+0x30;
  d=ss/10; mess[2]=d+0x30;
  d=ss%10; mess[3]=d+0x30;
  display.print(mess);
}
```

```
//---------------------------
void show_tdo1()// 顯示倒數時間一時分

{
int d;
  display.clear();
  d=hh/10; mess[0]=d+0x30;
  d=hh%10; mess[1]=d+0x30;
  d=mm/10; mess[2]=d+0x30;
  d=mm%10; mess[3]=d+0x30;
  display.print(mess);
}
//-------------------------------------------
void op(unsigned char c) // 說出語音合成內容
{
unsigned char  i,tb;
int d;
 d=0;
 while(1)
   {
    if(  digitalRead(rdy)==0) break;
    d++; if(d==500) return;
   }
   digitalWrite(ck, 0);
    tb=0x80;
     for(i=0; i<8; i++)
      {
// send data bit   bit 7 first o/p
        if((c&tb)==tb) digitalWrite(sd, 1);
          else   digitalWrite(sd, 0);
        tb>>=1;
// clk low
        digitalWrite(ck, 0);
        delay(10);
        digitalWrite(ck, 1);
      }
}
/*----------------------------------------------------------------------*/
void say(unsigned char *c) // 將字串內容輸出到合成模組
{
unsigned char c1;
  do{
```

```
    c1=*c;
    op(c1);
    c++;
  } while(*c!='\0');
}
/*-----------------------*/
void reset()// 重置語音合成模組
{
 digitalWrite(rst,0);
 delay(50);
 digitalWrite(rst, 1);
}
// 中文 Big5 內碼，內容：語音合成
byte m0[]={0xbb, 0x79, 0xad,0xb5, 0xa6, 0x58, 0xa6,0xa8,0};
// 倒數五分鐘
byte m5[]={0xAD, 0xCB, 0xBC, 0xC6, 0xA4, 0xAD, 0xA4, 0xC0, 0xC4, 0xC1, 0};
// 倒數十分鐘
byte m10[]={0xAD, 0xCB, 0xBC, 0xC6, 0xA4, 0x51, 0xA4, 0xC0, 0xC4, 0xC1, 0};
// 倒數二十分鐘
byte m20[]={0xAD, 0xCB, 0xBC, 0xC6, 0xA4, 0x47, 0xA4, 0x51, 0xA4, 0xC0,
0xC4, 0xC1, 0};
// 時間到
byte time[]={0xAE, 0xC9, 0xB6, 0xA1, 0xA8, 0xEC,0};
// 起床了
byte get[]={0xB0, 0x5F, 0xA7, 0xC9, 0xA4, 0x46,0};
//----------------------------------------------
void set_color_blue()// 設定藍色
{
   value.r=0;  value.g=0; value.b=255;
}
//-------------------------
void set_color(char c)// 設定發出不同顏色光源
{
 switch(c)
  {
   case white: value.r=255;  value.g=255; value.b=255; break;
   case red  : value.r=255;  value.g=0  ; value.b=0  ; break;
   case green: value.r=0  ;  value.g=255; value.b=0  ; break;
   case blue : value.r=0  ;  value.g=0  ; value.b=255; break;
   case din  : value.r=0  ;  value.g=255; value.b=255; break;
   case pur  : value.r=128;  value.g=0  ; value.b=128; break;
   case yel  : value.r=255;  value.g=255; value.b=0  ; break;
```

```
    case gray : value.r=128;  value.g=128; value.b=128; break;
    default:  break;
  }
}
//-----------------------------------------------
void set_all_off()// 彩燈全部熄滅
{
int i;
 for(i=0; i<no; i++)
  {
   value.r=0;  value.g=0; value.b=0; //off
   LED.set_crgb_at(i, value);
   LED.sync(); delay(1);
  }
}
//-----------------------------------------------------
void set_all_on()// 彩燈全部點亮為藍色
{
int i;
 for(i=0; i<no; i++)
  {
   set_color(blue);
   LED.set_crgb_at(i, value);
   LED.sync(); delay(1);
  }
}
//-----------------------------------------------------------
void set_col_led(int c)// 彩燈發出特定顏色的光
{
int i;
  set_color(c);
  for(i=0; i<no; i++)  LED.set_crgb_at(i, value);
  LED.sync();
}
//-----------------------------------------------------
void loop()// 主程式迴圈
{
char lf=0, fsl=0;
int i,c;
// test_aled();
 led_bl();be();
 reset(); led_bl();
```

```
// 語音合成測試輸出
 say(time); say(get);
 if(mode==1) show_tdo1();   else show_tdo();
 delay(1000);
 while(1)
  {
// 迴圈掃描是否有遙控器按鍵信號？
   no_ir=1;
   ir_ins(cir);
   if(no_ir==1) goto loop;
// 發現遙控器信號 .，進行轉換
   led_bl();   rev();
   for(i=0; i<4; i++)
    { c=(int)com[i];  Serial.print(c); Serial.print(' '); }
   Serial.println();  delay(100);
// 按鍵動作執行，按鍵 1 ～ 9  設定倒數時間
   if(com[2]==12)
      { say(m5);be(); led_bl(); mm=5; ss=1;
        show_tdo(); mode=0;  }
   if(com[2]==24)
      { say(m10);be(); led_bl(); mm=10; ss=1;
        show_tdo(); mode=0;  }
   if(com[2]==94)
    { say(m20);be(); be(); be(); led_bl(); mm=20; ss=1;
        show_tdo(); mode=0;  }
   if(com[2]==8 )
      {be(); led_bl(); mm=30; ss=1; show_tdo();mode=0;   }
   if(com[2]==28)
      {be(); led_bl(); mm=40; ss=1; show_tdo(); mode=0;  }
   if(com[2]==90)
      {mode=1-mode; led_bl(); be();be();}

   if(com[2]==66)
     {be(); led_bl(); mm=59; ss=59; mode=0;   }
   if(com[2]==82)
    {fsl=1; be(); led_bl(); hh=5; mm=59; ss=59; mode=1;   }
// rc aled --dig 9/0
   if(com[2]==74) {be(); be(); led_bl(); set_col_led(blue);}
   if(com[2]==22) {set_all_off();}
loop:
// 一秒時間到更新時間相關程序
   if(millis()-ti>=MS) //5 ～ 1000 test
```

```
      {
    lf=1-lf;
//LED 一秒閃動一次
    if(lf==1) digitalWrite(led, HIGH);
      else    digitalWrite(led, LOW);
         ti=millis();
//          show_tdo1();
        if(mode==1) show_tdo1();   else show_tdo();
        if (ss==1 && mm==0 && hh==0)
// 倒數時間終了處理
         while(1)
           {
            be(); // 發出嗶聲
            if(fsl==1) say(get);  // 輸出語音
               else say(time);
// 迴圈等待，若有按下遙控器任何按鍵則停止發聲
          for(i=0; i<500; i++)
           {
            delay(5);
            no_ir=1;   ir_ins(cir);
            if(no_ir==0) { delay(1000);
            be();  be();  be(); be();
            led_bl();
// 重新設定時間，開始新的計時
            mm=5; ss=1; show_tdo();
            mode=0;  delay(1000);  goto loop;}
           }
 }//alarm loop
//---------------------------------------------
         ss--;
        if(ss==0)// 秒數計數為 0 處理
         { show_tdo();
           delay(1000);
           mm--; ss=59;
           if(mm==0) // 分數計數為 0 處理
             {
              if(hh!=0) {hh--; mm=59; show_tdo1();  }
             }
         }
    }// 1 sec
   }
}
```

```
//------------------------------------------
void test_aled()// 測試 LED 燈
{
 set_col_led(red); delay(500);
 set_col_led(green); delay(500);
 set_col_led(blue); delay(500);
 set_col_led(white);
}
```

聲控互動機器人

還記得「霹靂遊俠」影集中的霹靂車（夥計），會聽從主人的話，可以自動駕駛，提供訊息給主人參考，與主人對話。現實生活中我們可能無法買台真的霹靂車來開，但是結合 Arduino 控制板可以做台聲控互動車，或是擴充為會聽話、說話、對話的可程式控制聲控互動機器人，還可以學到相關 C 程式設計技能，自己改裝各式玩法。

16-1 設計動機及功能

設計一台基本可以互動的機器人，最簡單的方式由遙控車開始改裝，並逐一增加想要的互動功能，最後可能變化出各種應用。最基本功能還是會聽從主人的話與主人互動開始。

基本功能還需要有避開障礙物功能，可以使用超音波感測模組來設計，又可以當做眼睛圖像功能，結合移動平台（遙控車）及語音互動等功能，互動機器人就可以組合出來了。基本功能設計如下：

- Arduino 控制板驅動兩顆直流馬達轉動設計。
- 前方安裝有超音波模組避障並做雙眼造型。
- 機器人會唱「平安夜」歌曲。
- 遙控器操作動作如下：
    - 數字 0：連續前進執行超音波模組避障測試。
    - 數字 1：前進。
    - 數字 2：後退。
    - 數字 3：左轉。

- 數字 4：右轉。
- 數字 5：前進、後退、左轉、右轉展示。
- 數字 6：產生音效進並避障偵測。
- 數字 7：唱歌。
- 數字 8：語音介紹我是誰。
- 數字 9：語音介紹特殊功能。

■ 可由電腦按鍵 1 ～ 9 與 Arduino 説中文直接進行語音互動功能測試。

專題整體實作如圖 16-1，結合 VI 聲控模組後，變為完整互動、對話機器人。聲控模組可使用一般喇叭輸出語音，如圖 16-2，聲音較大聲，但是喇叭體積較大，攜帶不易。本實驗使用小型壓電喇叭不占空間，易於攜帶，可做攜帶型聲控裝置，不必連網就可以進行聲控實驗。

圖 16-1　聲控互動機器人實作

圖 16-2　聲控模組可使用一般喇叭輸出語音

互動機器人車體組裝所需零組件如圖 16-3 所示，由以下幾部分組成：

- 驅動器：直流馬達模組（內含減速齒輪）當動力。
- 輪子：專用輪子配合驅動器安裝。
- 前後輔輪：圓形轉輪。
- 連結座：用來固定驅動器用。
- 車體底盤：以壓克力板來組裝。
- 固定螺絲包：做各部分零件的組裝及固定。

圖 16-3　機器人車體組裝所需零組件

機器人程式測試時，可以連接外部電源供電，但是真正實用時，需由充電電池來供電，如圖 16-4 所示，使用充電器充電時，放入充電電池，紅燈表示充電中，充電完成則轉為黃燈。本次實驗使用 3.7V 充電電池兩顆串連來供電，約 7.4V 連至 Arduino 板子電源端，額定輸入電源為 9V，最高為 12V 輸入。電池座安裝於機器人下方，參考圖 16-5。

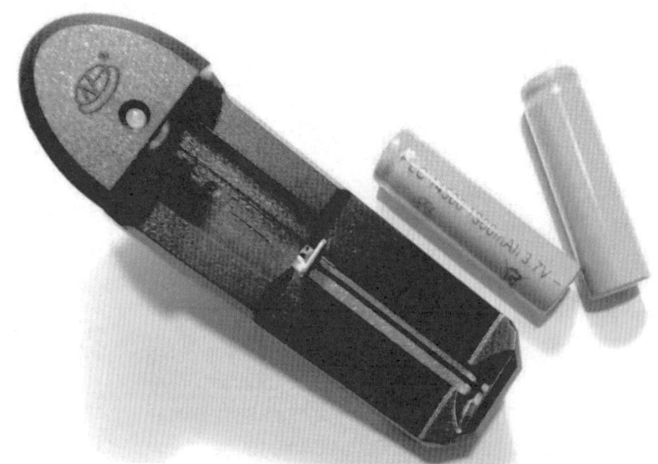

圖 16-4　機器人使用充電電池供電及充電器充電

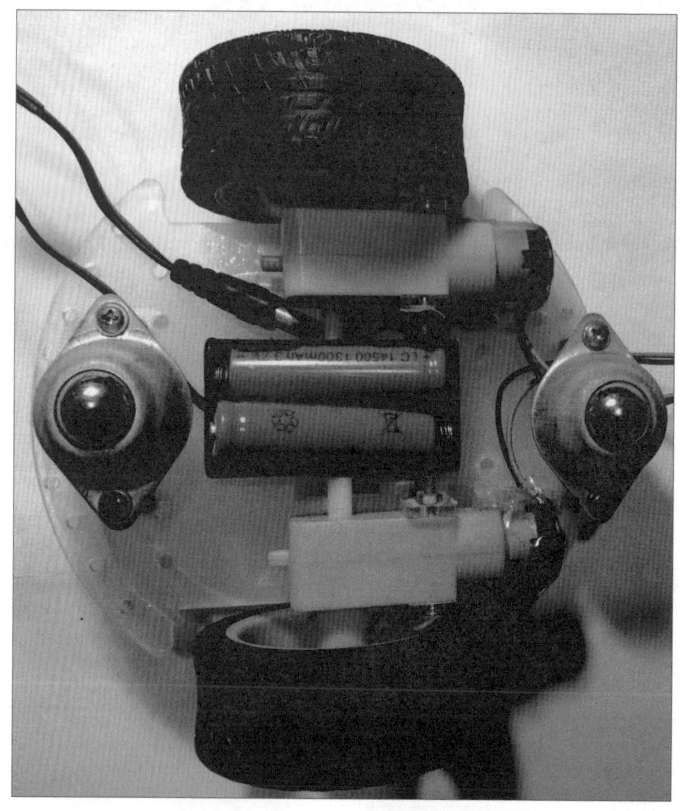

圖 16-5　電池安裝於機器人下方

16-2 電路設計

圖 16-6 是實驗電路，使用如下零件：

- 超音波感測模組：偵測前方距離。
- 按鍵：測試功能。
- 遙控器：遙控操作各式功能。
- 壓電喇叭：演奏歌曲。
- 紅外線遙控器接收模組：接收遙控器按鍵信號。
- 2 組直流馬達驅動器：當車子驅動器。
- MSAY 中文語音合成模組：說出語音。

由於各家馬達組成耗電有差異，當電路組裝完成測試時，連接電腦 USB 供電可能無法推動電路順利工作，因此在下載程式後，由外部 5V 供電，或是充電電池供電，便可以正常推動電路工作。

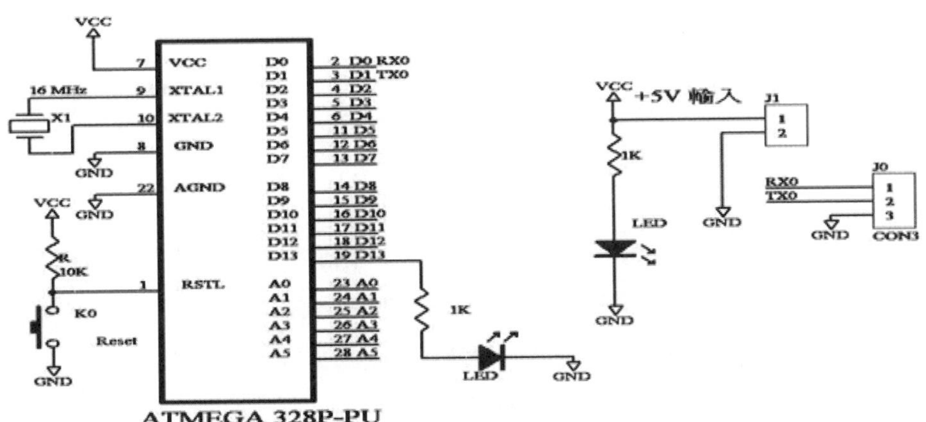

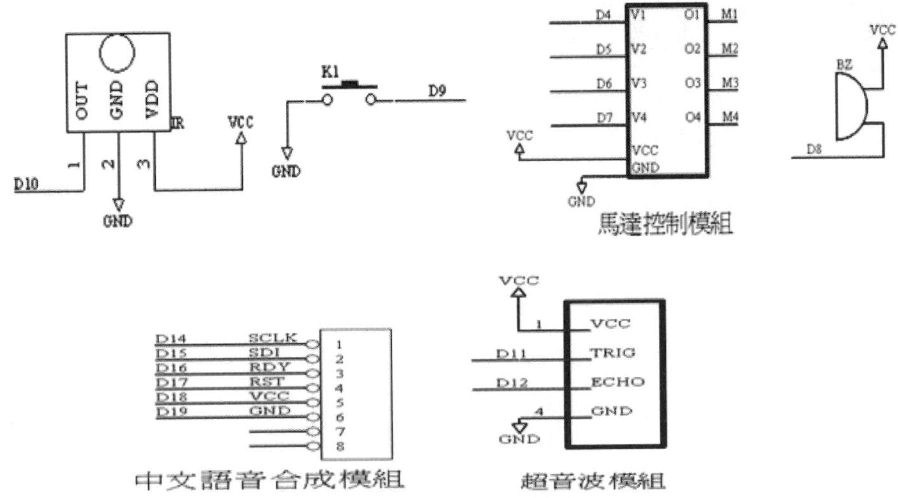

圖 16-6　聲控車實驗電路

16-3 互動語音內容設計

本製作以 Arduino 說出中文，結合聲控功能，控制機台動作，達成互動裝置應用。當需要人機對話時，語音互動功能可以設計如下：

- 主控端發出語音命令：「前進」。
- Arduino 回應：「前進」。
- Arduino 執行語音命令：往前走。

此時 VI 聲控模組聽到有人說出「前進」關鍵字，則會發射信號出去，Arduino 收到信號後，如同按下遙控器「1」鍵時，說出「前進」。若聽到說出「你是誰」關鍵字，則會說出「我是阿迪羅機器人」。相關實驗設計 9 段語音內容，可以遙控器控制說話。控制實驗相關語音資料如下：

- 第 1 段語音：「前進」。

- 第 2 段語音：「後退」。
- 第 3 段語音：「左轉」。
- 第 4 段語音：「右轉」。
- 第 5 段語音：「展示」。
- 第 6 段語音：「音效 1」。
- 第 7 段語音：「平安夜」。
- 第 8 段語音：「我是阿迪羅機器人」。
- 第 9 段語音：「是一台可以程式化設計的聲控機器人」。

第 9 段應答語音則是對應「介紹一下」聲控命令，則會介紹此實驗的特異功能。

16-4 程式設計

程式檔名為 axca.ino，程式設計主要分為以下幾部分：

- 超音波模組避障。
- 車子行進方向動作控制。
- 按鍵測試功能。
- 偵測串列介面有信號傳入，若是數字 1 至 9 則控制語音輸出。
- 紅外線接收模組接收遙控器信號。
- 解碼遙控器信號做動作展示。
- 演奏「平安夜」歌曲。

由於聲控發射之紅外線信號格式與遙控器信號相同，因此聲控發射之紅外線信號解碼可以省略，也就是聲控與遙控器發射之信號共用解碼程式。主程式在迴圈中執行以下事件掃描偵測：

- 偵測到按鍵則啟動展示。
- 偵測串口有信號傳入，則執行語音合成輸出測試。
- 偵測到遙控器信號則判斷遙控器按鍵，並執行功能。

主程式迴圈設計如下：

```
while(1) // 無窮迴圈
  {
loop:
     k1c=digitalRead(k1); // 偵測按鍵有按鍵則啟動展示
     if(k1c==0) { say(m1); goL();    led_bl(); }

   if (Serial.available() > 0) // 偵測串口有信號傳入，則語音合成輸出
     {  c= Serial.read(); // 有信號傳入
      if(c=='1') { say(m1);     led_bl();      }
      if(c=='2') { say(m2);     led_bl();      }
      if(c=='3') { say(m3);     led_bl();      }
      if(c=='4') { say(m4);     led_bl();      }
      if(c=='5') { say(m5);     led_bl();      }
      if(c=='6') { say(m6);     led_bl();      }
      if(c=='7') { say(m7);     led_bl();      }
      if(c=='8') { say(m8);     led_bl();      }
      if(c=='9') { say(m9);     led_bl();      }
   }

// 迴圈掃描是否有遙控器按鍵信號？
   no_ir=1; ir_ins(cir); if(no_ir==1) goto loop;
// 發現遙控器信號 .，進行轉換
   led_bl(); rev();
// 串列介面顯示解碼結果
   for(i=0; i<4; i++)
   {c=(int)com[i]; Serial.print(c); Serial.print(' '); }
   Serial.println();    delay(100);
```

```
// 判斷遙控器按鍵 1 ～ 9 說出語音
  if(com[2]==12) { say(m1); go(); }  // 前進
  if(com[2]==24) { say(m2); back();} // 後退
  if(com[2]==94) { say(m3); left();} // 左轉
  if(com[2]==8 ) { say(m4); right();}// 右轉
  if(com[2]==28) { say(m5); demo(); }// 展示
  if(com[2]==90 ) { say(m6); ef1(); goL();}// 前進並避障偵測
  if(com[2]==66) { say(m7); play_song(song, len);}// 唱歌
  if(com[2]==82)  say(m8);// 介紹語音 1
  if(com[2]==74)  say(m9);// 介紹語音 2
 }//loop
}
```

前進時可以超音波模組做避障偵測，車體持續前進，在迴圈中執行以下事件掃描偵測：

- 偵測到按鍵則離開迴圈。
- 偵測到遙控器信號則離開迴圈。
- 約 300 mS 執行一次避障偵測。

若前方 30 公分處偵測到障礙物，則先發出聲響警示，表示快碰到障礙物了，先後退，右轉改變方向，再繼續前進。副程式設計如下：

```
void goL()// 前進並避障偵測
{
be();be();
  while(1)
  {
//go---->
  go();
// 偵測到按鍵則離開迴圈
   if( digitalRead(k1)==0 )
     { digitalWrite(led, 1);  delay(1000); digitalWrite(led, 0);
       be(); be();be(); be();  break;
     }
// 偵測到遙控器信號則離開迴圈
    if( digitalRead(cir)==0 )
```

```
    { digitalWrite(led, 1);  delay(1000); digitalWrite(led, 0);
      be(); be();be(); be(); break;
    }
// 約 300 mS 執行一次避障偵測
 if(  millis()-ti>=300 ) //1000=1sec
   {  ti=millis();
      cm=(float)tco()*0.017;// 計算前方距離
     Serial.print(cm);  // 串口顯示資料
     Serial.println(" cm");
// 快碰到障礙物則停止
    if( cm>0.0 && cm <10.0)
     {be(); be();be(); be(); break;}
// 偵測到障礙物則轉向
     if( cm>0.0 && cm <30.0)
       {be(); be();
        back(); be();back();be();
        right();
       }
   }
 }
}
```

程式 axca.ino

```
// 音調對應頻率值
int f[]={0, 523,  587,  659,  698, 784,   880, 987,
      1046, 1174, 1318, 1396, 1567, 1760, 1975};
// 旋律音階
char song[]={5,6,5,3, 5,6,5,3,  9,9,7,7,
8,8,5,5, 6,6,8,7,6, 5,6,5,3, 3,
6,6,8,7,6, 5,6,5,3, 9,9, 11, 9, 7,
8, 10, 10, 10,   8,5,3, 5,4,2, 1,1,1,1,100};
// 旋律音長拍數
char len[]={2,2,1,1, 1,1,1,1,  1,1,1,1,
1,1,1,1, 1,1,1,1,1, 1,1,1,1, 1,
1,1,1,1,1, 1,1,1,1, 1,1,  1, 1, 1,
1, 1 , 1 , 1 ,   1,1,1, 1,1,1, 1,1,1,1,100};
#include <rc95a.h> // 引用紅外線遙控器解碼程式庫
#define de   100
#define de2  100
int out1=4, out2=5;
```

```
int out3=6, out4=7;
int trig = 11;  //設定超音波模組觸發腳位
int echo =12 ; //設定超音波模組返回信號腳位
float cm;  //距離變數
int cir =10 ; //設定遙控器解碼信號腳位
int led = 13; //設定 LED 腳位
int k1 =9; //設定按鍵腳位
int bz=8; //設定喇叭腳位
int gnd=19; //設定語音合成地線控制腳位
int v5=18; //設定語音合成 5v 控制腳位
int ck=14;int sd=15; int rdy=16; int rst=17; //設定語音合成控制腳位
unsigned long ti=0;//系統計時變數
//--------------------------------------
void setup()//初始化設定
{
pinMode(out1, OUTPUT);
  pinMode(out2, OUTPUT);
  pinMode(out3, OUTPUT);
  pinMode(out4, OUTPUT);
  digitalWrite(out1, 0);
  digitalWrite(out2, 0);
  digitalWrite(out3, 0);
  digitalWrite(out4, 0);
 pinMode(trig, OUTPUT);
 pinMode(echo, INPUT);
 pinMode(cir, INPUT);

pinMode(v5, OUTPUT);   pinMode(gnd, OUTPUT);
 pinMode(bz, OUTPUT);  digitalWrite(bz, LOW);
 digitalWrite(v5, HIGH);  digitalWrite(gnd, LOW);  delay(1000);
 pinMode(ck, OUTPUT);
  pinMode(rdy, INPUT);
  digitalWrite(rdy, HIGH);
  pinMode(sd, OUTPUT);
  pinMode(rst, OUTPUT);
  pinMode(led, OUTPUT);
  pinMode(k1, INPUT);
  digitalWrite(k1, HIGH);
  digitalWrite(rst, HIGH);
  digitalWrite(ck, HIGH);
  Serial.begin(9600);
 }
```

```
unsigned long tco() //高電位脈衝時間寬度量測
{
  //發出觸發信號
  digitalWrite(trig, HIGH); //設定高電位
  delayMicroseconds(10);  //延遲 10 us
  digitalWrite(trig, LOW); //設定低電位
  return pulseIn(echo, HIGH); //傳回量測結果
}
void led_bl()//LED 閃動
{
int i;
 for(i=0; i<2; i++)
  {
   digitalWrite(led, HIGH); delay(50);
   digitalWrite(led, LOW); delay(50);
  }
}
void be()  //發出嗶聲
{
int i;
 for(i=0; i<100; i++)
  {
   digitalWrite(bz, HIGH); delay(1);
   digitalWrite(bz, LOW); delay(1);
  }
delay(100);
}
void so(char n)//發出特定音階單音
{
 tone(bz, f[n],500);
 delay(100);
 noTone(bz);
}
//---------------------------------------
void test()//測試各個音階
{
char i;
 so(1); led_bl();
 so(2); led_bl();
 so(3); led_bl();
 //for(i=1; i<15; i++) { so(i); delay(100); }
}
```

```
//----------------------------------------
void tone1(char t, char l) //發出特定音階單音
{
 tone(bz, f[t]);
 delay(300*l);
 noTone(bz);
}
//----------------------------------------
void  play_song(char *t, char *l) //演奏一段旋律
{
 while(1)
  {
   if(*t==100) break;
   tone1(*t++, *l++);
   delay(5);
  }
}
/*----------------------------------------*/
void op(unsigned char c) //輸出語音合成控制碼
{
unsigned char  i,tb;
 while(1)    //  if(RDY==0) break;
  if(  digitalRead(rdy)==0) break;
   digitalWrite(ck, 0);
    tb=0x80;
     for(i=0; i<8; i++)
      {
       if((c&tb)==tb) digitalWrite(sd, 1);
         else         digitalWrite(sd, 0);
       tb>>=1;
       digitalWrite(ck, 0);
       delay(10);
       digitalWrite(ck, 1);
      }
}
/*------------------------------------------------------------------*/
void say(unsigned char *c) //將字串內容輸出到合成模組
{
unsigned char c1;
  do{
   c1=*c;
   op(c1);
```

```
    c++;
  } while(*c!='\0');
}
/*-----------------------*/
void reset()//重置語音合成模組
{
 digitalWrite(rst,0);
 delay(50);
 digitalWrite(rst, 1);
}
//-------------------------------------------------------------
//前進
byte m1[]={0xAB, 0x65, 0xB6, 0x69, 0};
//後退
byte m2[]={0xAB, 0xE1, 0xB0, 0x68, 0};
//左轉
byte m3[]={0xA5, 0xAA, 0xC2, 0xE0, 0};
//右轉
byte m4[]={0xA5, 0x6B, 0xC2, 0xE0, 0};
//展示
byte m5[]={0xAE, 0x69, 0xA5, 0xDC, 0};
//音效一
byte m6[]={0xAD, 0xB5, 0xAE, 0xC4, 0xA4, 0x40, 0};
//平安夜
byte m7[]={0xA5, 0xAD, 0xA6, 0x77, 0xA9, 0x5D, 0};
//我是阿迪羅機器人
byte m8[]={0xA7, 0xDA, 0xAC, 0x4F, 0xAA, 0xFC, 0xAD, 0x7D, 0xC3, 0xB9,
0xBE, 0xF7, 0xBE, 0xB9, 0xA4, 0x48, 0};
//是一台可以程式化設計的聲控機器人
byte m9[]={0xAC, 0x4F, 0xA4, 0x40, 0xA5, 0x78, 0xA5, 0x69, 0xA5, 0x48,
0xB5, 0x7B, 0xA6, 0xA1, 0xA4, 0xC6, 0xB3, 0x5D, 0xAD, 0x70, 0xAA, 0xBA,
0xC1, 0x6E, 0xB1, 0xB1, 0xBE, 0xF7, 0xBE, 0xB9, 0xA4, 0x48, 0};
//-----------------------------------------------------------
void stop()//停止
{
  digitalWrite(out1,0);
  digitalWrite(out2,0);
  digitalWrite(out3,0);
  digitalWrite(out4,0);
}
//-------------------
void go()//前進
```

```
{
digitalWrite(out1,1);
 digitalWrite(out2,0);
 digitalWrite(out3,0);
 digitalWrite(out4,1);
 delay(de);
 stop();
}
//-------------------------------------------
void back()//後退
{
 digitalWrite(out1,0);
 digitalWrite(out2,1);
 digitalWrite(out3,1);
 digitalWrite(out4,0);
 delay(de);
 stop();
}
//-------------------------------------------
void right()//右轉
{
digitalWrite(out1,0);
  digitalWrite(out2,1);
  digitalWrite(out3,0);
  digitalWrite(out4,1);
  delay(de2);
  stop();
}
//-------------------------------------------
void left()//左轉
{
 digitalWrite(out1,1);
  digitalWrite(out2,0);
  digitalWrite(out3,1);
  digitalWrite(out4,0);
  delay(de2);
  stop();
}
//-------------------------------------------
void demo()//展示
{
 go();     delay(500);
```

```
 back();  delay(500);
 left();  delay(500);
 right(); delay(500);
}
//----------------------------------------
void ef1()// 音效 1
{
int i;
 for(i=0; i<10; i++)
   {
    tone(bz, 500+50*i);  delay(100);
   }
  noTone(bz); delay(1000);
}
//----------------------------------------
void ef2()// 音效 2
{
int i;
 for(i=0; i<30; i++)
   {
    tone(bz, 700+50*i);  delay(30);
   }
  noTone(bz); delay(1000);
}
//----------------------------------------
void goL()// 前進並避障偵測
{
be();be();
  while(1)
 {
  go();
// 偵測到按鍵則離開迴圈
  if( digitalRead(k1)==0 )
    { digitalWrite(led, 1);  delay(1000); digitalWrite(led, 0);
      be(); be();be(); be();  break;
    }
// 偵測到遙控器信號則離開迴圈
   if( digitalRead(cir)==0 )
    { digitalWrite(led, 1);  delay(1000); digitalWrite(led, 0);
      be(); be();be(); be(); break;
    }
```

```
//約 300 mS 執行一次避障偵測
 if(  millis()-ti>=300 ) //1000=1sec
   {  ti=millis();
      cm=(float)tco()*0.017;//計算前方距離
     Serial.print(cm);   //串口顯示資料
     Serial.println(" cm");

//快碰到障礙物則停止
    if( cm>0.0 && cm <10.0)
       {be(); be();be(); be(); break;}

//偵測到障礙物則轉向
     if( cm>0.0 && cm <30.0)
       {be(); be();
        back(); be();back();be();
        right();
       }
   }
 }
}
//------------------------------------------------------------------
void loop()//主程式迴圈
{
char k1c;
int c,i;
 reset(); led_bl(); be(); go();
 while(1) //無窮迴圈
  {
loop:
  k1c=digitalRead(k1); //偵測按鍵有按鍵則語音合成輸出
   if(k1c==0) { say(m1); goL();   led_bl(); }
if (Serial.available() > 0) //偵測串口有信號傳入，則語音合成輸出
    {  c= Serial.read(); //有信號傳入
     if(c=='1') { say(m1);    led_bl();     }
     if(c=='2') { say(m2);    led_bl();     }
     if(c=='3') { say(m3);    led_bl();     }
     if(c=='4') { say(m4);    led_bl();     }
     if(c=='5') { say(m5);    led_bl();     }
     if(c=='6') { say(m6);    led_bl();     }
     if(c=='7') { say(m7);    led_bl();     }
     if(c=='8') { say(m8);    led_bl();     }
     if(c=='9') { say(m9);    led_bl();     }
```

```
    }
// 迴圈掃描是否有遙控器按鍵信號？
    no_ir=1; ir_ins(cir); if(no_ir==1) goto loop;
//  發現遙控器信號 .，進行轉換
    led_bl(); rev();
// 串列介面顯示解碼結果
    for(i=0; i<4; i++)
    {c=(int)com[i]; Serial.print(c); Serial.print(' '); }
    Serial.println();
    delay(100);
// 判斷遙控器按鍵 1 ~ 9 說出語音
   if(com[2]==12) { say(m1); go(); }  // 前進
   if(com[2]==24) { say(m2); back();} // 後退
   if(com[2]==94) { say(m3); left();} // 左轉
   if(com[2]==8 ) { say(m4); right();}// 右轉
   if(com[2]==28) { say(m5); demo(); }// 展示
   if(com[2]==90 ) { say(m6); ef1(); goL();}// 前進並避障偵測
   if(com[2]==66) { say(m7); play_song(song, len);} // 唱歌
   if(com[2]==82) say(m8); // 介紹語音 1
   if(com[2]==74) say(m9); // 介紹語音 2
 }//loop
}
```

Arduino IR IOT 語音聲控互動應用

17-1 設計理念

17-2 系統組成

17-3 選擇一支遙控器

17-4 監控線上 IR IOT 信號

17-5 修改解碼程式可控制 Arduino 裝置

17-6 電視遙控器會説話

17-7 聲控電視、聲控機器人、Arduino 遙控物件設計

讀者已經看過各種語音互動範例，其特徵是各種 Arduino 裝置都連接說中文模組，用一支遙控器來遙控、測試基本功能或是語音對話內容。想要聲控時，先設計好聲控命令，經由 VI 中文聲控模組執行，當說出關鍵字時，VI 發射遙控器相容信號，使 Arduino 裝置實現語音對話互動功能。本章將設計使用單一支遙控器來做整合，使用最少程式碼控制居家自動化應用，形成簡單 IR IOT，連電視機也可以整合進來做實驗。

17-1 設計理念

認識 Arduino 已經 8 年了，幾年教材開發及教學實驗下來，整理了 Arduino 相關作品的一些缺點：

1. 硬體容易拔插實驗，卻易接觸不良。
2. 太花時間管理軟體硬體，作品都是單獨，整合性不夠，實用性不夠。
3. Arduino 實驗用遙控器難按，分析其他遙控器解碼、發射驗證程序複雜。

於是以工程師的精神，以現有技術改進，使操作簡單、多元化、經由簡單的程式設計，成為可程式控制學習型遙控器作多元化應用。使學生、玩家、有經驗、沒經驗者，更容易、更節省時間，使自己教學或是管理使用更方便，將相關實作以較少程式碼，結合生活應用，整合到一支遙控器來作控制，稱為神奇遙控器，參考圖 17-1。最後整合完成，形成一套低成本 Arduino IR IOT 系統。

客廳中有電視機、冷氣機遙控器，還有 Arduino 遙控器，通常都只使用少數功能，將這些基本功能整合到一支遙控器來作控制，能有聲控功能更好！可以更方便教學、測試及使用。使用本書範例，也可以使用本遙控器來做整合，經由 VI 中文聲控模組執行，當說出關鍵字時，VI 發射遙控器相容信號，使 Arduino 裝置實現語音對話互動功能，形成語音互動 IR IOT。

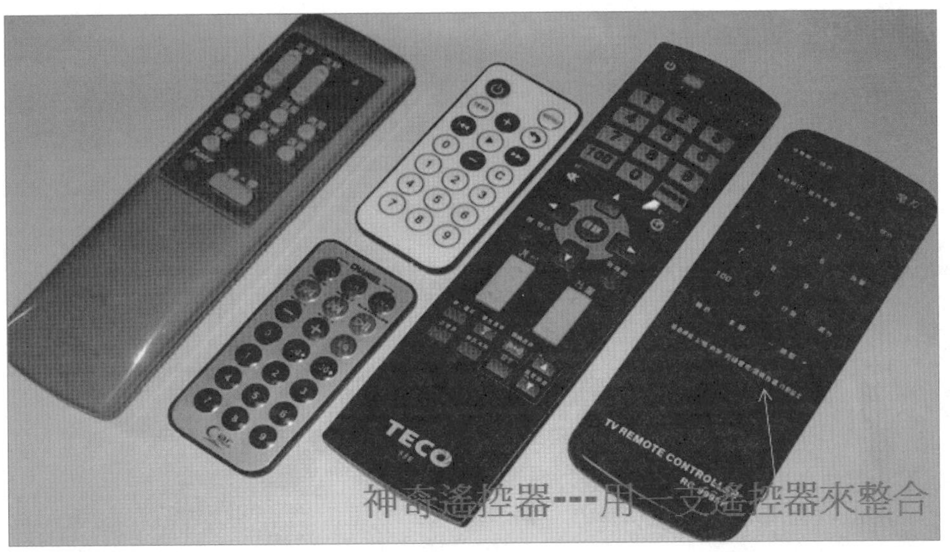

圖 17-1　用一支遙控器來作整合控制

17-2 系統組成

神奇遙控器計畫是使用單一支遙控器來做整合，使用最少程式碼控制居家自動化應用，形成簡單 IR IOT，連電視機也可以整合進來做實驗。參考圖 17-2，目前整合完成的 IR IOT 基本物件如下：

- XIR---- 紅外線信號學習板（17 組資料庫）。
- XCA---- 紅外線及手機遙控車。
- XRC---- 遙控倒數計時器兼紅外線信號轉接板。

3 套模組都可以使用相同一支遙控器作控制，經由程式設計做各種應用實驗。XRC 是 Arduino 多功能控制器，除了倒數功能外，可兼紅外線信號轉接板，經由 USB 連接 PC，可執行 Python 程式，應用更廣泛。

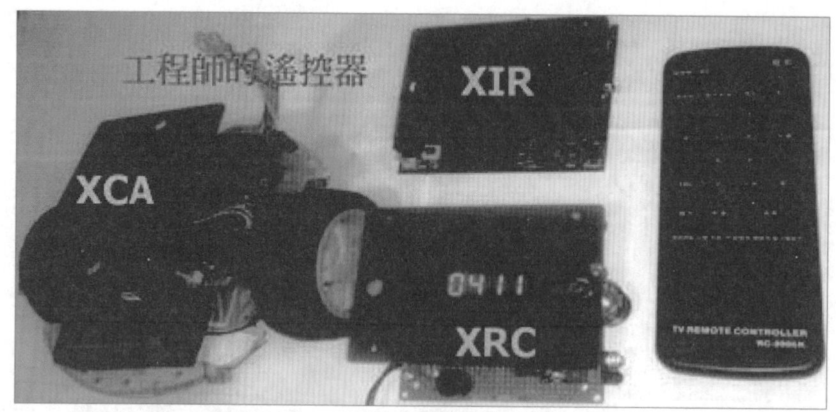

圖 17-2　系統組成

XIR（L51 學習板）紅外線信號學習板，可以學習 17 組資料庫，支援電視機常用功能鍵（數字鍵加上常用功能），一旦將電視遙控器按鍵碼學起來後，便可由 Arduino C 程式碼直接控制電視機功能，此部分請參考《Arduino 實作入門與專題應用》該書說明，想怎麼玩都可以自己設計。

XIR 免除分析遙控器的複雜程序，可以直接學習複製來使用，測試單一按鍵功能，先學習、再發射，例如收音機靜音功能，參考圖 17-3，按 + 鍵，按下收音機靜音，學習進來後，再發射，當驗證 ok 後，便可以進入多元化設計應用階段。

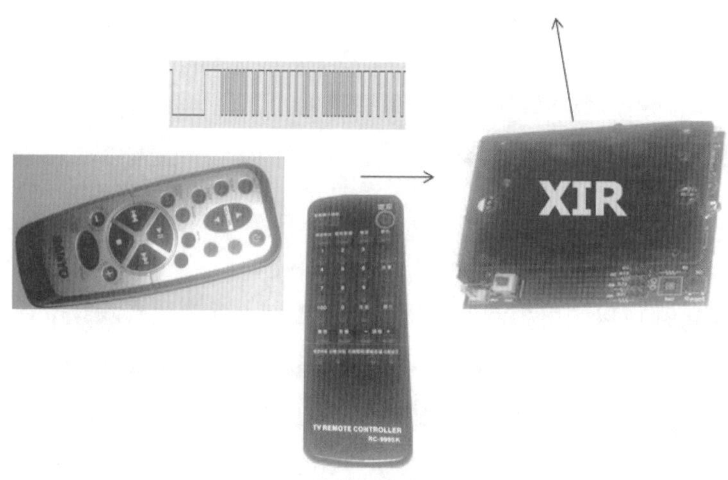

圖 17-3　XIR 學習收音機遙控器功能

XRC 連接 PC 後，執行 Python 程式，可將家電、機器人、玩具、自製的 Arduino 裝置，全部連結在一起後，便可以連上 Google 聲控，形成可聲控 IR IOT 物聯網，參考圖 17-4，相關關鍵元件如下：

- 物件：受控制端，如家電電視機、機器人、遙控車，自己的 Arduino 作品。
- 人機介面：遙控器、手機、PC、聲控。
- IOT 容易開發工具：Arduino、Python、AI2(APP Inventor 2)。
- 系統架構：分散式紅外線信號傳送，距離 7 公尺，可反射接收信號。

Google 聲控需要連接雲端資料庫，也可以使用 VI，無須連網便可以搭配本書做中文聲控實驗。更多實驗範例及應用參考：http://vic8051.idv.tw/xir.htm。

圖 17-4　IR IOT 物聯網

17-3 選擇一支遙控器

本系統使用的神奇遙控器，以一支遙控器來作控制，編號為 RC95，參考圖 17-5，它是早期東芝電視機遙控器，在台灣使用相當普遍，經由解碼程式設計各種應用實驗。圖中體型較小的遙控器為書中 Arduino 通用實驗用遙控器，有一些缺點。

RC95 解碼程式容易設計比對，數字按鍵值本身便是解碼數值。使用者也可以採用家中或是市售賣場萬用遙控器來做實驗，將萬用遙控器編號設為 RC95 相容碼，修改一下便可以控制完整系統及所有書中範例程式，改進 Arduino 通用遙控器一些缺點。

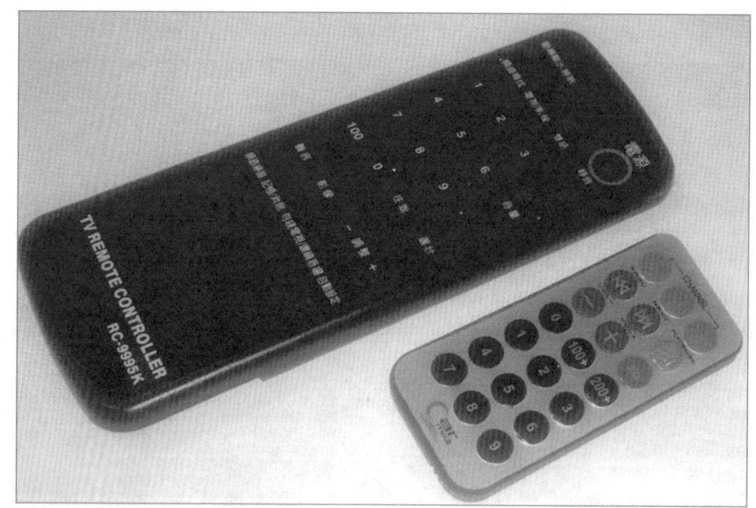

圖 17-5　系統遙控器與實驗用 Arduino 遙控器

3 種選擇遙控器變神奇遙控器的方法：

1. 本系統使用 RC95 固定解碼格式遙控器。
2. 使用賣場萬用遙控器，設定為 RC95 固定格式。
3. 自己家中閒置遙控器，搭配 Arduino 作實驗。

用此方法來設計、使用神奇遙控器，遙控器壞了也可以自己修，找替代品，若經常使用遙控器，按鍵感覺很重要。實驗用 Arduino 遙控器有一些缺點，例如按鍵不好按、電池耗電、電池不好替換、電池不好買，因此設計此一系統來整合所有實驗。

使用本系統，家中多出一支電視機遙控器，參考圖 17-6。支援常用功能：數字鍵、大小聲、上下台、靜音、返回、電源。將常用電視機遙控器 17 個按鍵功能學習進來後，家中多出一支遙控器來控制電視機，隨手一拿，也可以控制電視開關。

圖 17-6　神奇遙控器可控制家中電視機

17-4 監控線上 IR IOT 信號

當 VI 聲控後發射對應的紅外線信號出來後，怎麼知道紅外線信號有效，可以採用《Arduino 實作入門與專題應用》第 11 章中監控紅外線信號功能，開發時不必有實體物件存在，只要有監控器存在，便知道聲控實驗是否正常了，參考圖 17-7。Arduino 遙控器當依序按下數字鍵 0、1 ～ 9，由串列介面送出 4 位元組的資料。程式下載後，要開啟串列介面監控視窗，才能看到結果。

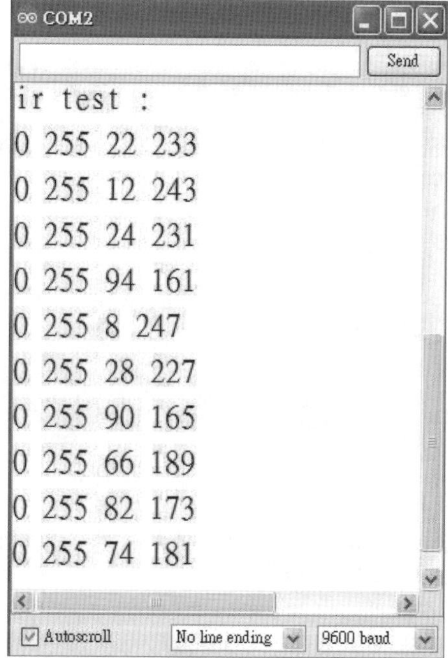

圖 17-7　監控視窗看到解碼結果

也可以使用 LCD 顯示解碼結果，當按下遙控器按鍵後，解碼 4 筆資料，顯示於 LCD 上，如圖 17-8 所示。紅外線信號監控器應用，觀看神奇遙控器編碼，數字鍵等於按鍵編碼，方便程式設計、測試。

圖 17-8　LCD 顯示遙控器解碼

17-5 修改解碼程式可控制 Arduino 裝置

神奇遙控器按鍵數字便是編碼值，因此解碼程式更簡單，自己家中閒置舊的遙控器，也可以搭配 Arduino 來作實驗。例如按下數字 1，用紅外線信號監控器顯示第 3 位元組，若顯示為 1，則舊的遙控器也可以拿來遙控 Arduino 裝置。

前面書中各章類似 Arduino 遙控器解碼實驗程式如下，迴圈中比對程式：

```
// 判斷遙控器按鍵 1 ~ 9 說出語音
  if(com[2]==12) { say(m1); go(); }  // 前進
  if(com[2]==24) { say(m2); back();} // 後退
  if(com[2]==94) { say(m3); left();} // 左轉
  if(com[2]==8 ) { say(m4); right();}// 右轉
  if(com[2]==28) { say(m5); demo(); }// 展示
  if(com[2]==90 ) { say(m6); ef1(); goL();}// 前進並避障偵測
  if(com[2]==66) { say(m7); play_song(song, len);} // 唱歌
  if(com[2]==82) say(m8); // 介紹語音 1
  if(com[2]==74) say(m9); // 介紹語音 2
```

因為神奇遙控器按鍵數字便是編碼值，更容易判斷遙控器按鍵 1 ～ 9，改為神奇遙控器（RC95）解碼實驗程式如下，迴圈中比對程式：

```
// 判斷遙控器按鍵 1 ～ 9 說出語音
  if(com[2]==1) { say(m1); go(); }  // 前進
  if(com[2]==2) { say(m2); back();} // 後退
  if(com[2]==3) { say(m3); left();} // 左轉
  if(com[2]==4 ) { say(m4); right();}// 右轉
  if(com[2]==5) { say(m5); demo(); }// 展示
  if(com[2]==6 ) { say(m6); ef1(); goL();}// 前進並避障偵測
  if(com[2]==7) { say(m7); play_song(song, len);} // 唱歌
  if(com[2]==8) say(m8); // 介紹語音 1
  if(com[2]==9) say(m9); // 介紹語音 2
```

17-6 電視遙控器會說話

若按下電視遙控器後，會輸出語音提示，成為會說話的遙控器，對於視障朋友而言使用上會較方便，或是用於其他特殊場合。前面已經看過神奇遙控器可控制家中電視機，當按下常用功能鍵如「靜音」，遙控器發射出「靜音」按鍵信號，Arduino 接收到信號並解碼出來後，是「靜音」鍵則說出「靜音」，實現遙控器會說話的互動功能。圖 17-9 為實作參考。

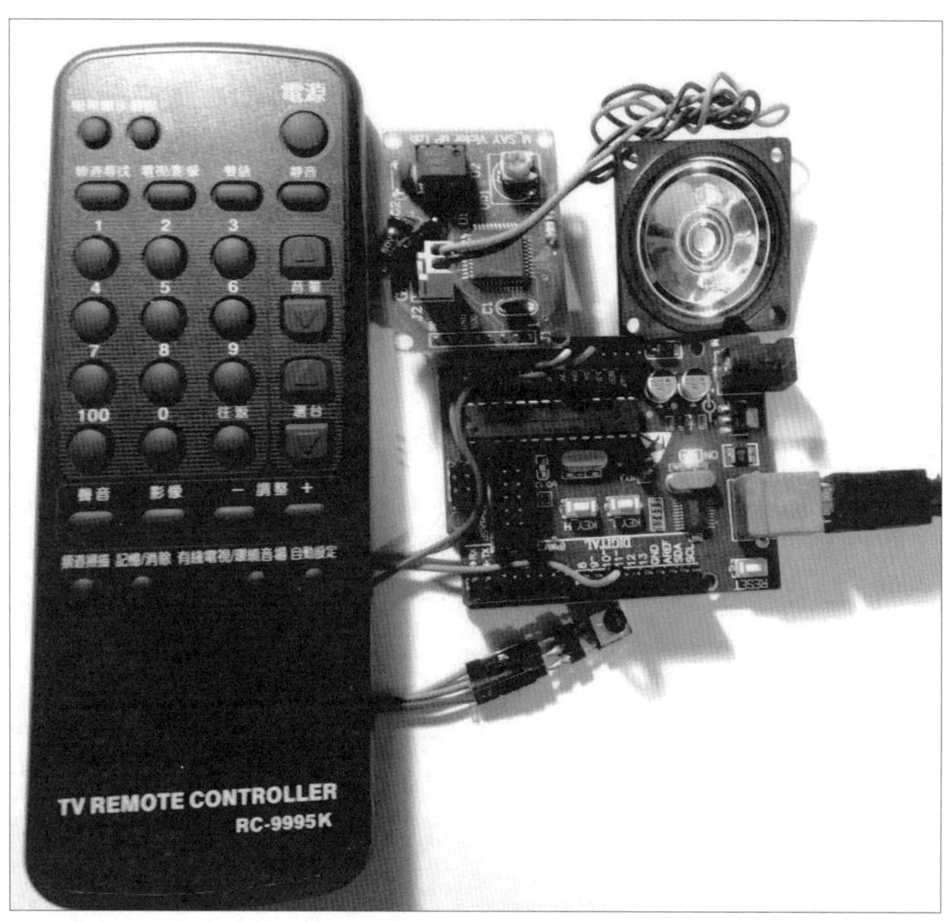

圖 17-9 電視遙控器會說話實作

當按下遙控器發射出「靜音」後，發射出靜音編碼，L51 學習模組也收到靜音控制碼，便發射出已經學入的電視機靜音遙控碼，達成控制電視「靜音」功能。先設計好遙控器常用功能，按下時要說出的語音內碼，相關資料如下：

```
// 大聲
byte mvup[]={0xA4, 0x6A, 0xC1, 0x6E, 0};
// 小聲
byte mvdown[]={0xA4, 0x70, 0xC1, 0x6E 0};
// 上一台
```

```
byte mcup[]={0xA4, 0x57, 0xA4, 0x40, 0xA5, 0x78, 0};
//下一台
byte mcdown[]={0XA4, 0x55, 0xA4, 0x40, 0xA5, 0x78 0};
//靜音
byte mmute[]={0XC0, 0x52, 0xAD, 0XB5, 0};
//返回
byte mret[]={0xAA, 0XF0, 0XA6, 0x5E, 0};
//電源
byte mpower[]={0XB9, 0x71, 0xB7, 0xBD, 0};
```

2 種測試方法：

- 串列介面按鍵測試，輸入 1，説出電源。
- 遙控器按下電源鍵，説出電源。

程式片段如下：

```
while(1)
{
if (Serial.available() > 0) //偵測串口有信號傳入，則語音合成輸出
    {  c= Serial.read(); //有信號傳入
     if(c=='1') { say(mpower);    led_bl();     }
    }
//迴圈掃描是否有遙控器按鍵信號？
   no_ir=1; ir_ins(cir); if(no_ir==1) goto loop;
// 發現遙控器信號.，進行轉換
   led_bl(); rev();
//串列介面顯示解碼結果
   for(i=0; i<4; i++)
   {c=(int)com[i]; Serial.print(c); Serial.print(' '); }
   Serial.println();   delay(100);
   if(com[2]==1) {op('1');  led_bl();}
   if(com[2]==18) {say(mpower);  led_bl();}
}
```

程式 arc_say.ino

```
#include <rc95a.h> // 引用紅外線遙控器解碼程式庫
int cir =10 ; // 設定信號腳位
int led = 13; // 設定 LED 腳位
int gnd=19; // 設定地線控制腳位
int v5=18; // 設定 5v 控制腳位
int ck=14;int sd=15; int rdy=16; int rst=17; // 設定語音合成控制腳位
//----------------------------------------
void setup()// 初始化設定
{
  pinMode(cir, INPUT);
  pinMode(v5, OUTPUT);  pinMode(gnd, OUTPUT);
  digitalWrite(v5, HIGH);  digitalWrite(gnd, LOW);  delay(1000);
  pinMode(ck, OUTPUT);
  pinMode(rdy, INPUT);
  digitalWrite(rdy, HIGH);
  pinMode(sd, OUTPUT);
  pinMode(rst, OUTPUT);
  pinMode(led, OUTPUT);
  digitalWrite(rst, HIGH);
  digitalWrite(ck, HIGH);
  Serial.begin(9600);
}
//--------------------------
void led_bl()//LED 閃動
{
int i;
 for(i=0; i<2; i++)
  {
   digitalWrite(led, HIGH); delay(50);
   digitalWrite(led, LOW); delay(50);
  }
}
//------------------------------------
void op(unsigned char c) // 輸出語音合成控制碼
{
unsigned char  i,tb;
 while(1)
  if(  digitalRead(rdy)==0) break;
   digitalWrite(ck, 0);
    tb=0x80;
```

```
     for(i=0; i<8; i++)
      {
      if((c&tb)==tb) digitalWrite(sd, 1);
         else         digitalWrite(sd, 0);
       tb>>=1;
       digitalWrite(ck, 0);
       delay(10);
       digitalWrite(ck, 1);
      }
}
/*-----------------------------------------------------------------------*/
void say(unsigned char *c) //將字串內容輸出到合成模組
{
unsigned char c1;
  do{
   c1=*c;
   op(c1);
   c++;
  } while(*c!='\0');
}
/*-----------------------*/
void reset()//重置語音合成模組
{
 digitalWrite(rst,0);
 delay(50);
 digitalWrite(rst, 1);
}
//-----------------------------------
//大聲
byte mvup[]={0xA4, 0x6A, 0xC1, 0x6E, 0};
//小聲
byte mvdown[]={0xA4, 0x70, 0xC1, 0x6E, 0};
//上一台
byte mcup[]={0xA4, 0x57, 0xA4, 0x40, 0xA5, 0x78, 0};
//下一台
byte mcdown[]={0XA4, 0x55, 0xA4, 0x40, 0xA5, 0x78, 0};
//靜音
byte mmute[]={0XC0, 0x52, 0xAD, 0XB5, 0};
//返回
byte mret[]={0xAA, 0XF0, 0XA6, 0x5E, 0};
//電源
byte mpower[]={0XB9, 0x71, 0xB7, 0xBD, 0};
//------------------------------------
```

```
void loop()//主程式迴圈
{
char k1c;
int c,i;
 reset(); led_bl();
 while(1) //無窮迴圈
  {
loop:
if (Serial.available() > 0) //偵測串口有信號傳入，則語音合成輸出
    {  c= Serial.read(); //有信號傳入
     if(c=='1') { say(mpower);    led_bl();     }
    }
//迴圈掃描是否有遙控器按鍵信號？
   no_ir=1; ir_ins(cir); if(no_ir==1) goto loop;
// 發現遙控器信號.，進行轉換
   led_bl(); rev();
//串列介面顯示解碼結果
   for(i=0; i<4; i++)
   {c=(int)com[i]; Serial.print(c); Serial.print(' '); }
   Serial.println();
   delay(100);
// action:
   if(com[2]==1) {op('1');  led_bl();}
   if(com[2]==2) {op('2');  led_bl();}
   if(com[2]==3) {op('3');  led_bl();}
   if(com[2]==4) {op('4');  led_bl();}
   if(com[2]==5) {op('5');  led_bl();}
   if(com[2]==6) {op('6');  led_bl();}
   if(com[2]==7) {op('7');  led_bl();}
   if(com[2]==8) {op('8');  led_bl();}
   if(com[2]==9) {op('9');  led_bl();}
   if(com[2]==0) {op('0');  led_bl();}
//power=18 mute=16 vup=26 vdown=30
   if(com[2]==18) {say(mpower);  led_bl();}
   if(com[2]==16) {say(mmute);   led_bl();}
   if(com[2]==26) {say(mvup);    led_bl();}
   if(com[2]==30) {say(mvdown);  led_bl();}
//ch_up=27 ch_down=31  ret=23
   if(com[2]==27) {say(mcup);    led_bl();}
   if(com[2]==31) {say(mcdown); led_bl();}
   if(com[2]==23) {say(mret);    led_bl();}  }//loop
}
```

聲控電視、聲控機器人、聲控 Arduino 遙控物件設計

結合 XIR 遙控器學習功能，將電視遙控器常用按鍵功能學習進來，不同品牌電視都可以整合進來，便可以結合 XVI 聲控功能實現聲控電視功能，將舊電視變為聲控操作，參考圖 17-10。自己可以客製化自家的聲控電視功能，利用遙控器學習功能，還可以整合其他應用，以最少 C 程式碼來做控制，只需要修改 VI 上方的 8051 C 程式碼。

圖 17-10　IR IOT 神奇遙控器聲控系統

以聲控電視機為例，測試步驟如下：

STEP 1 XIR 學習遙控器功能並測試：以 XIR 將電視遙控器常用按鍵功能如「電源」、「靜音」等學習進來，學習後可以馬上測試。

STEP 2 以 XVI 進行聲控測試：說出「靜音」，XVI 辨認後，發射「靜音」信號驅動電視「靜音」。

先學習遙控器功能，將電視遙控器常用功能按鍵學習到 XIR 上，分別為數字 0 ～ 9、電視電源、靜音、返回、上一台、下一台、大聲、小聲。設定如下：

- 由遙控器設定學習 '0' ～ '9'：按 '+' + '0' ～ '9' 鍵，學習 '0' ～ '9' 鍵。
- 由遙控器設定學習 7 組常用控制鍵：按 '+' + 該組按鍵，學習該組功能信號。如 '+' +' 靜音 ' 鍵，學習 ' 靜音 ' 鍵信號。有壓電喇叭嗶聲提示，按 '+' 後，LED 會亮起，先由遙控器按下其中一鍵，表示設定編號，接著 LED 再亮起，進入學習模式。
- 由遙控器發射測試，按下 17 組常用控制鍵，看看電視反應。

XVI 系統支援 IR IOT 物件、Arduino 遙控器數字控制物件，數字 0 ～ 9 對應 10 組聲控命令，目前支援範例如下：

- 內定設計聲控車聲控模式。
- 支援設計聲控電視範例。
- 支援 Arduino 遙控器數字控制物件。

由一聲控命令檔 vic.h 設定，範例如下：

```
/* VI 中文命令設計檔案 ***********/
#define VCNO 21
BYTE code name[VCNO][13]={
" 停止 ", " 前進 "," 後退 "," 左轉 "," 右轉 "," 展示 "," 唱歌 "," 音效 ",
```

```
"你是誰", "介紹一下", "靜音", "電視", "上一台", "下一台",
"大聲", "小聲", "返回", /* 以上不要變動 */
"台灣電視", "中國電視",  /*vc17 ～以後可以自訂 */
"休息一下", "鬧鐘" /* 可以編到～ vc89，共 90 組聲控命令 */    };
```

內定設計聲控車聲控模式

1. 目前版本 VI90 支援 90 組聲控，同時進行辨認，若有嚴重混淆音，則以替代方式可以提升辨認率。
2. 內定聲控車聲控模式，聲控後發射 IR 信號出去，控制想控制的物件。所有功能，都可以經由 C 程式修改。
3. 聲控車聲控模式，辨認 10 組命令（vc0 ～ 9），對應遙控器數字按鍵，如上述 10 組，聲控後發射兩組 IR 信號出去，一組支援 XRC 神奇遙控器信號（RC95），一組支援 Arduino 遙控器信號（RC37）。

支援設計聲控電視範例

1. 假設電視機遙控器常用功能鍵已經學入 XIR 中，並且驗證成功。
2. 可以聲控測試指令：靜音、電視、上一台、下一台、大聲、小聲、返回等功能，聲控編號為 vc10 ～ vc16，對應發射 XRC 神奇遙控器信號（RC95）以上常用 7 個功能鍵，vc0 ～ 16 聲控命令非必要不要更動，以免混淆程式控制流程。
3. vc17 以後聲控命令可以自訂，例如，台灣電視（vc17）在第 8 台，中國電視（vc18）在 10 台，呼叫函數 tx_ir(x); 程式設計如下：

```
if(vc==17) { tx_ir(0); led_bl(); tx_ir(8); }  //vc17 台灣電視   08
if(vc==18) { tx_ir(1); led_bl(); tx_ir(0); }  //vc18 中國電視   10
```

支援 Arduino 遙控器（RC37）數字控制物件

vc17 以後聲控命令可以自訂，例如：休息一下（vc19），對應遙控器數字 1，鬧鐘（vc20）休息一下，對應遙控器數字 2，呼叫函數 tx_ir37(x); 程式設計如下：

```
if(vc==19) { tx_ir37(1); led_bl();   }  // vc19 休息一下 d1
if(vc==20) { tx_ir37(2); led_bl();   }  // vc20 鬧鐘 d2
```

MEMO

附錄

附錄 1　專題製作報告參考內容

每年畢業班的學生遇到要做專題時便是最傷腦筋的時候，對於平時很少做硬體實作及寫程式的同學而言真的是一點方向也沒有。即使完成專題製作後還要整理報告，更不知如何下手？本文將提供學生在整理專題製作報告時的一個參考。學生專題製作報告內容一般由以下幾部分組成：

1. 摘要
2. 簡介
3. 系統設計
4. 實驗結果與討論
5. 結論
6. 參考資料
7. 附錄

此為參考的格式，實際的報告內容以各個學校的實施辦法為準。

1. 摘要

摘要是以最簡潔的文字來表達整篇專題製作報告的主要架構，讀者通常是先看作者所寫的摘要部分，再來決定是否繼續研讀整篇報告內容或是將其當作可能的參考資料。摘要的內容以不超過 500 字為宜，好方便參閱者可以在短時間內了解其內容，因此文字的使用必須簡潔有力。一般包含以下幾部分：

- 專題製作動機。
- 主要的問題所在。

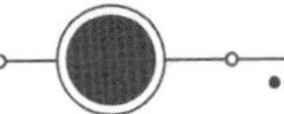

- 解決該問題所使用的方法。
- 重要的結果。

2. 簡介

簡介單元包含以下幾部分：

- 專題製作動機。
- 過去別人使用的方法。
- 系統特性及功能。

3. 系統設計

此單元是整篇報告的核心所在，包含以下幾部分：

- 理論依據及公式推導。
- 使用主要元件及特殊零件功能說明。
- 電路方塊圖及說明。
- 電路設計及說明。
- 軟體方塊圖及流程圖說明。

4. 實驗結果與討論

此單元是將完整的記錄整個實驗的執行結果，並對結果做進一步的分析及討論，包含以下幾部分：

- 實際電路的設計及程式的設計。
- 記錄實際的數據及測試所使用的設備。

- 實驗量測到的波形記錄。
- 對實驗的數據做分析及討論。

5. 結論

此單元是將整篇報告做一總結，內容可以包含以下幾部分：

- 本專題製作的特點。
- 本專題製作主要的貢獻。
- 評估結果。
- 改善建議。

6. 參考資料

一套完整的專題製作作品不可能憑空靠個人能力及靈感來完成的，一定是會收集不少相關題材的設計資源當做參考資料用，此單元是將這些資料完整的列出來。由於現在是網際網路時代，做研究寫報告為了取得最新的設計資訊及資料，當然會使用網路上的資訊，自然也可以列入當做參考資料。一般可供參考的資料來源有以下幾種：

- 專題製作報告。
- 參考書。
- 雜誌。
- 期刊。
- 技術報告。
- 學位論文。
- 網際網路的網址。

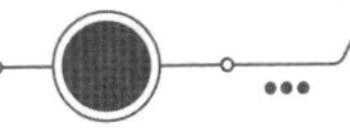

所列出的參考資料需將資料的出處及來源列出，包括書名或雜誌名稱、作者、出版商、頁數及發行日期。

7. 附錄

整篇專題製作中，可以陳述的記錄卻還未放入報告中的部分放於此單元中。包含以下幾部分：

- 使用硬體電路零件列表。
- 軟體程式列表及說明。
- 軟體程式收錄於光碟。
- 系統實作成品照相。
- 特殊零件的技術資料。
- 特殊儀器設備的規格資料。

經由以上的說明整個報告的製作內容，原則上與過去我們學寫文章時所說的「起承轉合」原理接近：

起一專題製作動機

承一過去別人使用的方法

轉一解決該問題自己所使用的方法及實驗結果

合一討論與結論

依此要領學生在寫專題製作報告時便有方向可循。此外多參考歷年來學長的專題製作報告，也是撰寫自己報告的有效方法。

附錄 2　VI 中文聲控模組介紹

現在許許多多的行動裝置都內建聲控功能，如聲控 GPS 導航、汽車聲控導航、手機聲控撥號、智慧手機聲控功能。聲控未來應用更廣，是傳統電子及非電子裝置，創新應用的極佳整合關鍵技術！有了 VI 中文聲控模組，不需連接網路，便可以直接辨認中文命令，內建紅外線發射介面，聲控後直接發射紅外線信號，支援 Arduino 遙控裝置變聲控操作。降低聲控應用技術開發門檻，將可以快速開發各式多元化應用或實驗。

功能

- 使用前不必錄音訓練，以不特定語者辨認技術設計，只要講國語，都可聲控。
- 不特定語者國語聲控技術規格：
  - 不特定語者：使用前不需要先對辨認系統錄音訓練，所有華人說國語的地區都可以使用。
  - 特定字彙：系統一次可以辨認 90 組中文片語或辭句，中文單句音長度至多 6 個中文單字。

- 含語音合成功能：可説出聲控命令提示語，方便聲控及驗證聲控結果。
- 支援 4 種聲控模式：
  1. 按鍵觸發，直接説聲控命令。
  2. 連續聲控，直接説聲控命令，不必按鍵啟動。
  3. 前置語觸發連續聲控，先説前置語再説聲控命令，連續聲控。
  4. 串列通訊指令。

■ 內建聲控移動平台控制聲控命令：停止、前進、後退、左轉、右轉、展示，可以經由電腦，直接輸入中文修改聲控命令，再下載做各式聲控命令實驗。

■ 利用本套系統可以自行設計獨立操作型，不特定語者中文聲控系統。

■ 支援程式下載功能及聲控 SDK 8051 程式發展工具。

■ 不特定語者辨識率，安靜環境下可達 90% 以上，反應時間 1 秒。

■ 聲控後直接發射紅外線信號，支援 Arduino 遙控裝置變聲控操作。

■ 系統採用模組化設計，擴充性佳，可適合不同的硬體工作平台。

■ 聲控命令可由系統説出來當作辨認結果確認。

■ 需外加 +5V 電源供電或是電池操作。

■ 內建串列通訊介面。

附錄 3 L51 學習型遙控模組做信號分析及轉碼發射

L51 學習型遙控模組有程式碼下載功能，可以下載新版應用程式，可以支援不同平台的應用，實現應用程式碼及 Arduino/8051 C 程式無限應用下載的各種實驗。目前支援的特殊功能應用如下：

- 支援 8051 C 語言 SDK，支援自行設計遙控器學習功能。
- 支援紅外線信號分析器展示版功能，由電腦來學習、儲存、發射信號。
- 由電腦應用程式發射遙控器信號，控制家電等應用。
- 遙控玩具改裝實驗。

L51 學習型遙控模組先下載 AIR.HEX 紅外線信號分析程式，與電腦 USB 介面連線後，便可以在電腦上看到紅外線波形及數位信號，例如，射飛鏢玩具遙控器，經過分析長度為 10，可以轉碼到控制器中，發射相同信號做控制應用實驗。

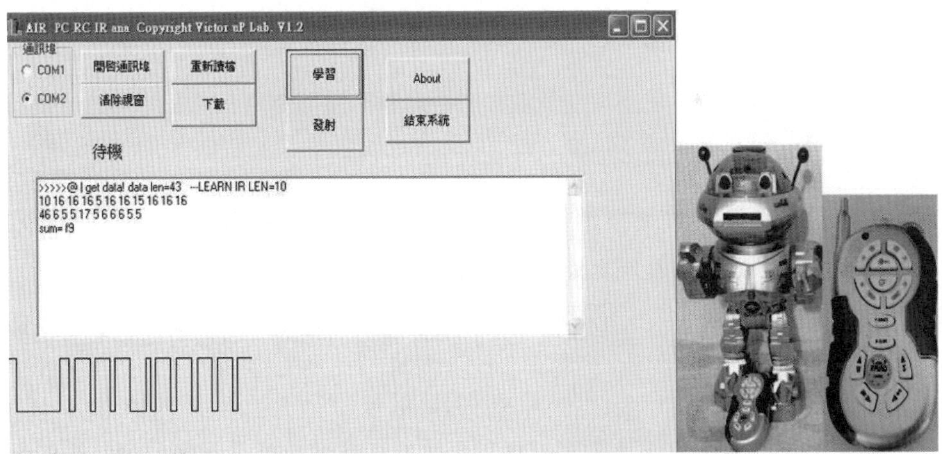

實驗希望由 VI 中文聲控模組，發射相同信號控制機器人動作，可以用相關技術來做實驗。

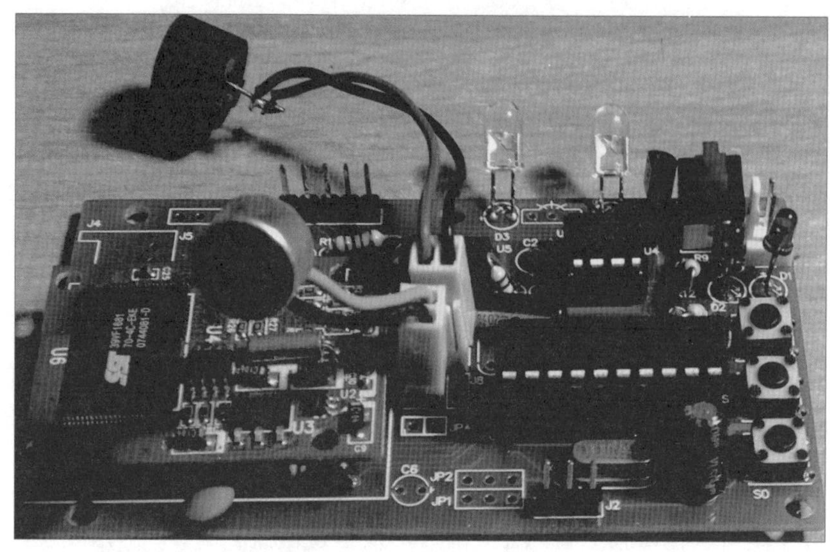

「對應遙控器解碼再發射應用」技術轉碼步驟如下：

1. 學習遙控器信號：先以 L51 紅外線學習板，學習遙控器信號到電腦端。
2. 記錄原始檔：當系統出現紅外線波形會自動存檔，使用者可先將將數位資料記錄起來稱為原始檔。
3. 將數位資料轉入 VI 聲控應用端並發射信號：依照設計範例將數位資料轉入 VI 聲控發射端，看看玩具機器人是否啟動。
4. 記錄測試檔：若無法啟動再由 L51 紅外線學習板讀回，將數位資料記錄起來稱為測試檔。
5. 微調控制參數：慢慢比對測試檔與原始檔資料，並對微調數位資料中的參數，轉入 VI 聲控應用端再發射信號，直到控制端啟動為止。

相同設計原理可以應用於改裝其他遙控玩具實驗，由外部控制的各式玩法，可以上網查看：http://vic8051.idv.tw/XIR.htm。

附錄 4　VCMM 不限語言聲控模組使用

VCMM 聲控模組可應用於不限定語言聲控相關實驗，有許多應用特點：

- 使用 8051 單晶片做控制。
- 支援串列通訊指令，可由 Arduino 下指令控制。
- 可以由 USB 介面下載各式 C 語言控制程式來做聲控實驗。
- 含 8051 C SDK 開發工具及程式源碼。

■ 新應用 C 程式可以網路下載更新，網址如下：http://vic8051.idv.tw/vcm.htm

不限定語言聲控，使用前需要先錄音做訓練為資料庫，錄什麼音便可以辨認出這些聲音資料來做應用，本文説明如何做語音訓練。

1. 系統已經預先載入控制程式，可以直接做應用。連接 +5V 電源至 J7。
2. 喇叭接線接至接點 J5 SP，打開電源，電源 LED 燈 D2 亮起，工作 LED D3 閃爍，表示開機正常。或是按下 RESET 鍵 S6，可以重新啟動系統。
3. 系統已錄有測試語音（例如 1，2，3），先按 S3 鍵，聆聽系統已存在的語音內容，做為欲辨識的字詞。多按幾次 S3 鍵，聽聽內建已經訓練的語音。
4. 按 S4 鍵，説出欲辨識的字詞來辨認。系統會以英文説出 "WHAT NAME" 當提示語，D3 LED 燈亮起，則對著麥克風説出語音，如説 '1'，系統辨認出來後會説 '1'。
5. 因為為特定語者語音辨認，男生來辨認會準確些，誰來訓練語音，辨認會很準確，安靜環境下，辨識率可達 95%。
6. 語音輸入操作技巧：
   - 訓練及辨認時周圍環境不宜太吵雜。
   - 語音輸入前會有提示語，LED 亮起，等提示語説完才語音輸入。
   - 語音輸入時與麥克風的最佳距離為 30 公分，有效距離為 100 公分，距離越遠則音量要大點，若太小聲系統會以英文説出 "PLEASE LOUDER"，要您説話大聲點。
7. S1 ～ S4 功能鍵：
   - 按鍵 S1：做語音參考樣本訓練輸入，一次訓練一組，展示系統為 5 個辨認的單音。已訓練的語音會永久保存在記憶晶片中，即使關機還是有效，語音訓練輸入需要輸入 2 次。按下 S1 鍵，操作過程如下：

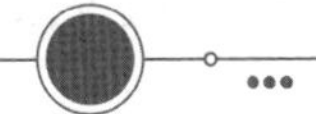

- ◆ 系統說出 "SAY NAME"（說一單音）—— 第 1 次錄音。
- ◆ 系統說出 "REPEAT　NAME"（重覆一遍）——第 2 次錄音：2 次錄音做為產生語音參考樣本，若訓練成功後，系統會說出您剛剛輸入的語音做確認。由於錄音訓練時會過濾混淆音，可以減少誤辨的情況發生，當新輸入的語音與原先輸入的語音資料相似時（混淆音），則無法輸入新的語音。

- 按鍵 S2：修改原先已存在的語音參考樣本。
  - ◆ 先按 S3 鍵聆聽系統已存在的某組語音內容。再按 S2 鍵，則該組內容會先被刪除，再執行語音輸入訓練，來建立新的語音參考樣本。若在語音輸入過程中失敗，可以使用 S1 鍵來輸入新的語音樣本。
- 按鍵 S3：聆聽系統已存在的語音內容。展示程式為編號 0 ～ 4，重複循環。
- 按鍵 S4：進行辨認。
- RESET+S1（RESET S6 鍵與 S1 鍵同時按住，RESET 先放開）：清除所有已訓練的語音，或是做聲控晶片系統重置用，系統會 " 嗶 "3 聲來回應。此情況是在系統當機，完全不聽使喚時非必要的動作，一旦執行聲控晶片的系統重置後，原先存在晶片內的所有語音樣本資料全部刪除，使用者需要重新輸入語音，才能辨認。

8. 其他說明：

- 當使用者第一次使用此系統時，不必輸入新的語音樣本，以原來的辨認單音，例如 "1"、"2"、"3" 便可以進行辨認，一般男生應可以辨認正確，如果是辨認自己的聲音，則可以高達 95% 以上的辨識率。
- 您可以依自己喜好來重新輸入新的語音樣本，如 "JOHN"、"NANCY"、"PETER"、"MARY"、"SANDY"。

- 展示系統為 5 個辨認的單音，當辨認到相對的音（編號 0 ～ 4）則原先輸入對應的語音會説出來當作確認用。

9. 如何提高辨識率：

- 儘量避免使用容易混淆的音當做辨識的字詞，如中文數字 "1" 和 "7"。
- 同一辨識對象使用多組參考樣本。例如，説 " 美國 "，"America"，"USA" 均辨識為美國。
- 不限使用語言，講方言、國語、台語、英語皆可。
- 語音輸入品質十分重要，太大聲、太小聲、背景雜音太吵皆不宜。
- 由於語音輸入的麥克風是使用電容式麥克風，為無指向式麥克風，因此可以對著麥克風，以適當的距離（30 公分）説話即可。
- 語音訓練與辨認時説話的距離請一致，以免聲音輸入的準位偏差太大。

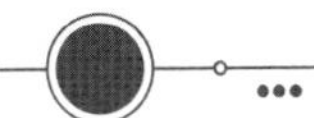

附錄 5　本書實驗所需零件及模組

本書實驗零件及模組可在拍賣網站，或是實驗室網站查詢：http://vic8051.idv.tw/exp_part.htm（含規格使用說明及團購優惠）包括：

- L51 學習型遙控器模組（成品 / 套件）。
- 遙控 / 聲控車（成品 / 套件）。
- VI 中文聲控模組（成品）。
- VCMM 聲控模組（成品）。
- MSAY 中文語音合成模組（成品）。
- VNO 實驗板（Arduino UNO 相容板子）。
- 360 度轉動伺服機（成品）。

本書實驗也可以使用 UNO 控制板如下配件，便可以開始做實驗：

- UNO 控制板及 USB 連接線。
- 麵包板及單心配線。
- 實驗零件或模組。

各章實驗零件模組如下：

- 第 2 章 Arduino 互動專題製作語音介紹。

編號	名稱	規格	數量	說明
1	語音合成模組	MSAY	1	成品含喇叭
2	紅外線接收模組	38K	1	3 支腳位
3	名片型遙控器	一般實驗用	1	3X7 按鍵

■ 第 3 章 Arduino 互動廣告機

編號	名稱	規格	數量	說明
1	語音合成模組	MSAY	1	成品含喇叭
2	紅外線接收模組	38K	1	3 支腳位
3	名片型遙控器	一般實驗用	1	3X7 按鍵
4	接近感知器	紅外線感應	1	可用相容品

■ 第 4 章 Arduino LCD 時鐘

編號	名稱	規格	數量	說明
1	語音合成模組	MSAY	1	成品含喇叭
2	紅外線接收模組	38K	1	3 支腳位
3	名片型遙控器	一般實驗用	1	3X7 按鍵
4	LCD16x2	2A16DRG	1	16x2 相容品
5	壓電喇叭	1205	1	5V 外激式

■ 第 5 章 Arduino LCD 倒數計時器

編號	名稱	規格	數量	說明
1	語音合成模組	MSAY	1	成品含喇叭
2	紅外線接收模組	38K	1	3 支腳位
3	名片型遙控器	一般實驗用	1	3X7 按鍵
4	LCD16x2	2A16DRG	1	16x2 相容品
5	壓電喇叭	1205	1	5V 外激式

第 6 章 Arduino 投球機

編號	名稱	規格	數量	說明
1	語音合成模組	MSAY	1	成品含喇叭
2	紅外線接收模組	38K	1	3 支腳位
3	名片型遙控器	一般實驗用	1	3X7 按鍵
4	LCD16x2	2A16DRG	1	16x2 相容品
5	壓電喇叭	1205	1	5V 外激式
6	接近感知器	紅外線感應	1	可用相容品
7	投球機機構	參考內文	1	含玩具球

第 7 章 Arduino 背誦九九乘法表

編號	名稱	規格	數量	說明
1	語音合成模組	MSAY	1	成品含喇叭
2	紅外線接收模組	38K	1	3 支腳位
3	名片型遙控器	一般實驗用	1	3X7 按鍵

第 8 章 Arduino 說唐詩

編號	名稱	規格	數量	說明
1	語音合成模組	MSAY	1	成品含喇叭
2	紅外線接收模組	38K	1	3 支腳位
3	名片型遙控器	一般實驗用	1	3X7 按鍵

第 9 章 Arduino 語音樂透機

編號	名稱	規格	數量	說明
1	語音合成模組	MSAY	1	成品含喇叭
2	LCD16x2	2A16DRG	1	16x2 相容品
3	壓電喇叭	1205	1	5V 外激式

■ 第 10 章 Arduino 語音量身高器

編號	名稱	規格	數量	說明
1	語音合成模組	MSAY	1	成品含喇叭
2	LCD16x2	2A16DRG	1	16x2 相容品
3	壓電喇叭	1205	1	5V 外激式
4	超音波收發模組	SR04	1	4 支腳位

■ 第 11 章 互動調光器

編號	名稱	規格	數量	說明
1	RGB LED 燈串	WS2812x8	1	8 合 1
2	紅外線接收模組	38K	1	3 支腳位
3	名片型遙控器	一般實驗用	1	3X7 按鍵
4	接近感知器	紅外線收發	1	相容品
5	壓電喇叭	1205	1	5V 外激式
6	繼電器模組	5V	1	模組型

■ 第 12 章 Arduino 智慧盆栽

編號	名稱	規格	數量	說明
1	語音合成模組	MSAY	1	成品含喇叭
2	土壤濕度模組	特殊模組	1	4 支腳位
3	壓電喇叭	1205	1	5V 外激式
4	超音波收發模組	SR04	1	4 支腳位
5	紅外線接收模組	38K	1	3 支腳位
6	名片型遙控器	一般實驗用	1	3X7 按鍵
7	繼電器模組	5V	1	模組型
8	水泵	5V	1	放入水中型

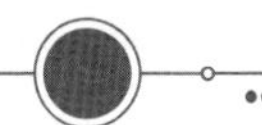

■ 第 13 章 Arduino 旋轉舞台

編號	名稱	規格	數量	說明
1	壓電喇叭	1205	1	5V 外激式
2	紅外線接收模組	38K	1	3 支腳位
3	名片型遙控器	一般實驗用	1	3X7 按鍵
4	旋轉舞台機構	參考內文	1	含底盤
5	360 度伺服機	GWS S35	1	或相容品

■ 第 14 章 Arduino 特定語者聲控查詢晶片腳位

編號	名稱	規格	數量	說明
1	壓電喇叭	1205	1	5V 外激式
2	聲控模組	VCMM	1	成品 60 組聲控
3	語音合成模組	MSAY	1	成品含喇叭

■ 第 15 章 Arduino 數字鬧鐘

編號	名稱	規格	數量	說明
1	語音合成模組	MSAY	1	成品含喇叭
2	紅外線接收模組	38K	1	3 支腳位
3	名片型遙控器	一般實驗用	1	3X7 按鍵
4	壓電喇叭	1205	1	5V 外激式
5	七節顯示器	Tm1637	1	4 合一七節顯示器
6	RGB LED 燈	WS2812	1	或相容品

■ 16 章 Arduino 聲控機器人

編號	名稱	規格	數量	說明
1	語音合成模組	MSAY	1	成品含喇叭
2	紅外線接收模組	38K	1	3 支腳位
3	名片型遙控器	一般實驗用	1	3X7 按鍵
4	壓電喇叭	1205	1	5V 外激式
5	中文聲控模組	VI	1	成品 90 組聲控
6	小型馬達控制板	L9110S	1	或相容品
7	機器人機構	參考內文	1	套件
8	超音波收發模組	SR04	1	4 支腳位

■ 第 17 章 Arduino IR IOT 應用

編號	名稱	規格	數量	說明
1	紅外線學習模組	L51 17 組學習	1	成品
2	語音合成模組	MSAY	1	成品含喇叭
3	RC95 遙控器	RC95	1	或相容品

全部實驗零件如下：

編號	名稱	規格	數量	說明
1	語音合成模組	MSAY	1	成品含喇叭
2	紅外線接收模組	38K	1	3 支腳位
3	名片型遙控器	一般實驗用	1	3X7 按鍵
4	接近感知器	紅外線感應	1	可用相容品
5	LCD16x2	2A16DRG	1	16x2 相容品
6	壓電喇叭	1205	1	5V 外激式
7	七節顯示器	Tm1637	1	4 合一七節顯示器
8	投球機機構	參考內文	1	玩具球

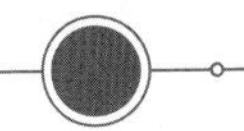

編號	名稱	規格	數量	說明
9	RGB LED 燈串	WS2812x8	1	8 合 1
10	繼電器模組	5V	1	模組型
11	AC110V 插座線	參考內文	1	含電線
12	旋轉舞台機構	參考內文	1	含底盤
13	360 度伺服機	GWS S35	1	或相容品
14	超音波收發模組	SR04	1	4 支腳位
15	土壤濕度模組	特殊模組	1	4 支腳位
16	水泵	5V	1	放入水中型
17	車體機構	參考內文	1	套件
18	中文聲控模組	VI	1	成品 90 組聲控
19	紅外線學習模組	L51	1	成品 17 組學習
20	聲控模組	VCMM	1	成品 60 組聲控

MEMO